现代珍稀植物及食用菌图鉴系列

陈杏禹　主编

珍稀蔬菜原色图鉴

化学工业出版社
·北京·

本书以全彩的形式，精心收集和整理了400余幅高清彩色图片，按照外来蔬菜、特产蔬菜、观赏蔬菜、保健蔬菜、野生蔬菜和芳香蔬菜六个大类，列举了96个珍稀蔬菜品种，详细介绍了珍稀蔬菜的起源、分类、生长习性、品种类型和应用价值，特别是以高清彩图重点展示了不同生长时期的形态特征，以供读者识别和鉴赏。

　　本书可作为农业院校师生、农业技术人员、园艺爱好者研究和引种珍稀蔬菜的参考用书，也可作为青少年科普图书和居家旅行休闲图书。

图书在版编目（CIP）数据

珍稀蔬菜原色图鉴/陈杏禹主编 . —北京：化学工业出版社，2016.4
（现代珍稀植物及食用菌图鉴系列）
ISBN 978-7-122-26347-6

Ⅰ.①珍…　Ⅱ.①陈…　Ⅲ.①蔬菜－图谱　Ⅳ.① S63

中国版本图书馆 CIP 数据核字（2016）第 034469 号

责任编辑：刘　军　　　　　　　　文字编辑：孙凤英
责任校对：宋　夏　　　　　　　　装帧设计：溢思视觉设计

出版发行：化学工业出版社
　　　　　（北京市东城区青年湖南街13号　邮政编码100011）
印　　装：北京彩云龙印刷有限公司
880mm×1230mm　1/32　印张 $7\frac{1}{2}$　字数 27 千字
2016 年 6 月北京第 1 版第 1 次印刷

购书咨询：010-64518888（传真：010-64519686）
售后服务：010-64518899
网　　址：http://www.cip.com.cn
凡购买本书，如有缺损质量问题，本社销售中心负责调换。

定　　价：36.00 元　　　　　　　　版权所有　违者必究

本书编写人员名单

主　　编　陈杏禹

副 主 编　王　爽　于红茹

编写人员（按姓氏汉语拼音排序）

　　　　陈杏禹　丁　松　郜文生

　　　　郎春燕　李宏伟　王　爽

　　　　于红茹　张　军

PREFACE

前言

　　珍稀蔬菜，也称特种蔬菜、新兴蔬菜，主要指当地没有种植过或很少种植的蔬菜。改革开放以来，随着人民生活水平的提高，为丰富广大消费者的菜篮子，农业科技工作者引种、驯化和培育了一大批珍稀蔬菜新品种，它们或形状奇特，或色彩艳丽，或食药兼用，或芳香怡人，既可以烹饪出美味佳肴，又可以种植于农业园区作观赏栽培，深受广大消费者的喜爱。

　　珍稀蔬菜主要包括国外引进品种、稀有乡土蔬菜、观赏蔬菜、芳香蔬菜以及野生采集或人工栽培的山野菜等，一般都具有栽培容易、抗逆性强、很少发生病虫害等特点，特别适合生产无公害蔬菜或作为阳台蔬菜栽培。但由于珍稀蔬菜种类繁多，生长习性、营养价值和利用方式也各不相同，常使消费者敬而远之。为使读者能够更好地认识、了解和应用珍稀蔬菜，本书收集了400余幅珍稀蔬菜不同生育时期的彩色图片供读者识别和鉴赏，并对近百种珍稀蔬菜的起源、生长习性、品种类型和应用价值进行了详细的介绍，可为农业院校师生、农业科技工作者、园艺爱好者研究与引种珍稀蔬菜提供参考。

由于时间仓促，加上笔者的知识水平有限，问题和不足之处在所难免，恳请各位专家学者批评指正。本书在编写过程中参考了有关单位和学者的文献资料和图片资源，在此一并表示感谢。

编　者
2016年3月

目录

CONTENT

四、保健蔬菜

/ **133**

五、野生蔬菜

/ **173**

六、芳香蔬菜

/ **201**

WAILAISHUCAI

一、外来蔬菜

外来蔬菜是指原产于国外，我国自古以来没有栽培和食用习惯的一类蔬菜，多在 20 世纪以后从欧美、非洲、日本等地引入，作为稀特蔬菜少量栽培。

白茎千筋京水菜

⊙ **起源分类**　又称京水菜、水晶菜、分蘖芥菜，是日本新育成的一个蔬菜品种，为十字花科芸薹属一二年生植物，外观类似我国的花叶芥菜（雪里蕻），但其叶柄呈白色，品质更加细腻柔嫩。

⊙ **生长习性**　植株具有非常强的分枝能力，每个叶片腋间均能发生新的侧株，重重叠叠地萌发新芽而扩大植株，若任其生长，单株重可达 3~4 千克。喜冷凉气候，在气温 18~20℃和阳光充足的条件下生长最宜。在 10℃以下生长缓慢，不耐高温。喜肥沃疏松的土壤，生长期需水分较多，但不耐涝。

⊙ **品种类型**　根据熟性可分为早生种、中生种和晚生种。早生种适应性较强，可夏季栽培。中生种和晚生种耐寒力强，低温下能生长良好，分枝力非常强，产量高，不耐热。

⊙ **应用价值**　以嫩叶供食，具有十字花科芸薹属芸薹种蔬菜特有的芳香味。含有丰富的维生素 C 和钾、钙等营养元素。可采食菜苗，掰收分株或整株收获。是火锅的上好配菜，也可炒食、腌渍，品质柔嫩。

无土栽培

幼苗

植株

抱子甘蓝

⊙ **起源分类** 又名芽甘蓝、子持甘蓝，是十字花科芸薹属甘蓝种的一个变种，二年生草本植物，原产于地中海沿岸，是欧洲、北美洲国家的重要蔬菜之一。它的植株中心不生叶球，而在茎的周围叶腋处着生小叶球，正如子附母怀，故名抱子甘蓝。

⊙ **生长习性** 茎干直立，植株高大，叶片为长柄匙状叶，每叶的腋芽均可以形成乒乓球大小的完整甘蓝球，每个小叶球均由40多片球叶包裹而成。喜冷凉气候，生长的适宜温度为18~22℃。耐寒性强，可耐 -3℃的短期低温而不受冻害。但耐热性较弱，温度高于23℃，结球不良。不耐干旱，适宜在黏质、深厚、肥沃、排水良好的土壤上栽培。随着小叶球的不断膨大，要掰掉中下部的长柄叶，防止小

叶球因叶柄的挤压而变形。

⊙ **品种类型** 分早、中、晚熟三类。早熟种植株矮小，生长期短，较耐热；中晚熟种植株高大，生长期长达100~120天，耐寒力极强，但不耐热。

⊙ **应用价值** 植株秀美，产品形状奇特，是农业观光园区中不可或缺的珍稀蔬菜之一。其小叶球的风味似结球甘蓝，纤维少，营养丰富，富含维生素和矿质元素。小叶球的食用方法很多，可炒食、煮汤、做沙拉配菜、泡菜等。为保持其小巧奇特的形状，可在洗净的小叶球上用小刀割"十"字，切割的深度约为球径的 1/3，然后放在已加少量盐的沸水中煮5分钟，捞出后沥水，加入洋葱丁、苹果丁、煮熟的马铃薯丁，用沙拉酱或蛋黄酱拌匀即成小包菜沙拉。

结球植株

叶腋处着生小叶球

幼苗

冰菜

⊙ **起源分类**　又名冰草、冰叶日中花，番杏科日中花属植物，在非洲、亚洲西部和欧洲都有分布。它的特点是在叶面和茎上着生有大量的大型泡状细胞，里面填充有液体，在太阳照射下反射光线，就像茎叶上挂满了"冰珠子"，用手摸上去硬硬的、凉凉的，所以得名"冰菜"。在欧洲一些地方作为蔬菜食用，现在也传入我国。

⊙ **生长习性**　种子极小，播种时不可覆土过厚。种子发芽适温为20℃左右，植株生长的适宜温度为20~30℃，夏季栽培生长对高温敏感。比较耐干旱、耐盐，对土壤的适应性较强，栽培容易。

⊙ **应用价值**　富含钠、钾、胡萝卜素等物质，营养价值较高。多凉拌食用，口感冰爽，略有咸味。因本身含有盐分，所以烹制时不用放盐，据说对高血压、糖尿病、高脂血症患者都有一定的好处。

茎叶上挂满"冰珠"

朝鲜蓟

⊙ **起源分类** 别名洋蓟、菊蓟，菊科多年生草本植物。原产于地中海沿岸，以西班牙、法国、意大利、美国加州和我国台湾省栽培较多，其头状花序上肥嫩硕大的花托和苞片的肉质部是上等的菜肴。

⊙ **生长习性** 多年生宿根作物，植株高大。喜温暖湿润的气候，地上部分耐寒耐热性都不强，植株生长适温为20~25℃；地下根株耐寒，在长江流域可露地越冬。植株须经过一个低温春化阶段才能抽生花茎，形成产品器官。朝鲜蓟喜强光，耐旱不耐湿，低洼地易积水生长不良。

⊙ **品种类型** 朝鲜蓟可分为菜用和花用两种类型。菜用型花茎较矮，高1米左右，每茎约有3个分枝，花蕾浓绿色，花盘肉厚，品质好。花用型花茎高 1.5~2.0 米，分枝多，花多，但花蕾小而尖，花盘肉薄，不适合食用，专供切花栽培。

⊙ **应用价值** 除含有维生素和矿质元素外，还含有菜蓟素、黄酮类化合物及天冬酰胺等物质，能增强肝、肾功能，增加胆汁分泌，促进氨基酸代谢，降低胆固醇，具有一定的医疗保健作用。可凉拌或炒食。食用前先将花球洗净，放在开水中煮 20~25 分钟，捞出放入凉水中投凉，去掉苞片，改刀，放入辣椒酱或番茄酱拌匀即可食用，或加入肉片、虾仁、蘑菇等同炒。也可将煮熟去掉苞片的花球整个挂面糊油炸，蘸椒盐食用。

大面积栽培

花蕾

开花

番杏

⊙ **起源分类**　番杏，又名新西兰菠菜、洋菠菜、夏菠菜等，番杏科番杏属一年生半蔓性肉质草本植物，以嫩茎叶供食。原产于澳大利亚、东南亚及智利等地。番杏生长茂盛，易栽培，病虫害较少，是一种发展前景非常好的绿色蔬菜。

⊙ **生长习性**　种子为果实型种子，成熟后为灰褐色，坚硬，内含种子数粒。喜温耐热，种子发芽的适宜温度为 25~28℃，生长发育的适宜温度为 20~25℃，不耐寒，植株在 10℃以下生长缓慢。对光照的要求不严格，在强光和弱光下均可正常生长。喜湿，不耐涝，土壤湿度过大易导致生长不良；植株抗干旱，但过分缺水会导致产品品质变劣。对土壤的适应性较强，生长期对氮肥的需求量较大。

⊙ **应用价值**　嫩梢嫩叶柔嫩多汁，富含蛋白质、钙、维生素、胡萝卜素等营养元素，有清热解毒、利尿消肿等功效。常食对于消化系统炎症、败血病、肾病等患者具有较好的缓解病痛的作用。可炒食、做馅，或入沸水焯后放凉，加入调料凉拌，也可配以鸡蛋做番杏蛋花汤，还可与粳米煮成番杏粥。

茎匍匐生长

果实

开花

种子

根芹

⊙ **起源分类**　又叫根洋芹、球根塘蒿等，为伞形花科芹属中的一个变种，由叶芹菜演变而来，能形成肥大肉质根的二年生草本植物。原产于地中海沿岸的沼泽盐渍土地，根芹主要分布在欧洲地区，我国近年来引进，仅有少量种植。

⊙ **生长习性**　根芹叶片类似芹菜，地下肉质根为黄褐色圆球形。肉质根表皮粗糙，肉质白色、脆嫩，有类似芹菜的香味。喜冷凉湿润的环境条件，生育适温为 12 ～ 25℃，肉质根生长膨大期适宜的土温为 20℃，25℃以上时肉质根发育不良。根芹菜忌高温和烈日直射，适合在供水良好、富含有机质、肥沃的冲积土或沙壤土上栽培。

⊙ **应用价值**　以脆嫩的肉质根和叶柄供食用，其肉质根在低温条件下可贮藏 6~8 个月。肉质根可凉拌、炒食、做汤或做馅，亦可榨汁药用，具有降压、镇静、利尿、促进食欲等保健功效。与叶芹菜相比，它具有较淡的芹菜香味，但粗纤维含量远低于叶芹菜，尤适老年人食用。

荷兰豆

⊙ **起源分类** 荷兰豆是食荚豌豆的总称，豆科豌豆属一年生攀缘草本植物。原产于欧洲南部及地中海沿岸地区，17世纪经荷兰人带到中国，故称荷兰豆。荷兰豆在欧美国家的种植比较普遍，我国广东、广西、四川、云南等地广泛种植，近年来在北方地区也大面积种植。

⊙ **生长习性** 荷兰豆为半耐寒性蔬菜。种子发芽的最适温度为16~18℃，幼苗能耐 − 6℃的低温，茎叶生长适温为12~16℃，开花结荚期的适宜温度为15~18℃，嫩荚成熟期的适温为18~20℃。适温下嫩荚质量鲜嫩、甜美，温度超过26℃时品质降低，产量减少。喜光，光照不足易引起落花落荚。荷兰豆属长日照作物，在长日照、低温的条件下能促进花芽分化，缩短生育期。南方品种北引种植，都能提早开花。喜湿润的土壤和空气环境，生长期若遇高温干旱，会使豆荚纤维提早硬化，降低品质和产量。对土壤的适应性较广，但以疏松透气、有机质含量较高的中性土壤为宜。

⊙ **品种类型** 根据分枝习性，可分为矮生型和蔓生型两种，以蔓生种栽培较广。

⊙ **应用价值** 食用部分为嫩荚，质地清脆鲜嫩，适合炒食或焯后凉拌，口感好，且色泽青翠，诱人食欲。营养价值和药用价值均较高，能益脾和胃、生津止渴、和中下气、除呃逆、止泻痢、通利小便。经常食用，对脾胃虚弱、小腹胀满、呕吐泻痢、产后乳汁不下、烦热口渴均有疗效。

蝶形花

吊蔓栽培

结英期

发棵期

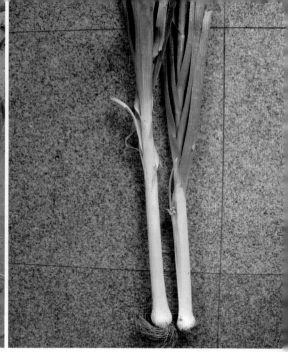

韭葱

⊙ **起源分类**　韭葱，别名扁叶葱、洋蒜苗等，为百合科葱属的一二年生草本植物，原产于欧洲中南部。因其叶身扁平似蒜或韭，而假茎洁白如葱，故名韭葱。目前欧洲国家普遍栽培，亚洲国家也有很多栽培。20世纪30年代传入我国，部分省份有少量种植。

⊙ **生长习性**　韭葱适应性强，既耐寒又耐热，生长的适宜温度为15~25℃，能忍受38℃的高温和−10℃的低温，在北纬40°及其以南地区可露地越冬。喜中等强度的光照，要求较高的土壤湿度和较低的空气湿度，根系怕涝。对土壤的适应性广，喜微碱性土壤，最适土壤pH为7.7~7.8。

⊙ **应用价值**　韭葱嫩苗、假茎和花薹可炒食、做汤或调料。经软化的假茎，类似葱白，风味尤其独特。韭葱具有较强的营养保健作用，与其他葱蒜类蔬菜一样，韭葱含有具有刺激性气味的挥发油和辣素，能祛除异味，产生特殊的香气，并有较强的杀菌作用，可以刺激消化液的分泌，增进食欲。韭葱还有降血脂、降血压、降血糖的作用，如果与蘑菇同食可以起到促进血液循环的作用。含有微量元素硒，并可降低胃液内的亚硝酸盐含量，对预防胃癌及多种癌症有一定的作用。

菊苣

⊙ **起源分类** 菊苣又称为欧洲或法国苣荬菜、比利时苣荬菜、苞菜，是菊科菊苣属中的一二年生草本植物，以嫩叶、叶球、芽球为蔬，原产于地中海、亚洲中部和北部，菊苣是西餐中重要的沙拉蔬菜，具有较高的经济价值。

⊙ **生长习性** 菊苣为半耐寒性植物，喜冷凉湿润气候。地上部能耐短期的 −2℃ 的低温，植株生长适温为 17~20℃，超过 20℃ 时，同化机能减弱，超过 30℃ 以上，植株不能正常生长。生长期需充足的光照，否则红菊苣转色慢；芽球菊苣软化栽培时则需要黑暗的条件。喜湿不耐旱，宜选择肥沃疏松的沙壤土种植。

⊙ **品种类型** 菊苣常见的品种类型有散叶类型和结球类型，散叶品种先进行露地根株培育后再进行培土软化栽培，形成脆嫩的菊苣芽球作为产品器官。结球类型则直接栽培形成叶球。

⊙ **应用价值** 菊苣中含有一些一般蔬菜中没有的成分，如马栗树皮素、马栗树皮苷、野莴苣苷、山莴苣素和山莴苣苦素等苦味物质，有清肝利胆的功效。世界上许多国家的美食家们都很看重菊苣，把它视为蔬菜中的上品。其嫩叶可以炒食、做汤或做沙拉；软化栽培后的菊苣芽球可用以生吃，或做成鲜美开胃的凉拌菜；欧美等国还有人把其肉质根加工成咖啡的代用品或添加剂。

结球红菊苣

芽球菊苣

结球红菊苣产品

苦苣

⊙ **起源分类**　苦苣，又称苦菊、花叶生菜、栽培菊苣，菊科菊苣属一二年生草本植物，起源于欧洲南部和印度，以嫩叶为食，味微苦，适合生食，是西餐中不可或缺的沙拉蔬菜。近年来在我国栽培较多。

⊙ **生长习性**　苦苣喜凉爽湿润的环境，耐寒，可忍受 −3℃的低温，能耐短时间的轻霜。种子发芽适温为 18~22℃，植株生长适温为 15~23℃。不耐高温，温度超过30℃则生长不良。苦苣喜光，光照强则苦味浓，生产上可通过遮光软化来降低苦味。喜湿怕旱，高温干旱易造成纤维增多，品质变劣。

⊙ **品种类型**　苦苣叶散生，根据叶形不同可分为板叶苦苣、裂叶苦苣和碎叶苦苣。我国栽培的多为裂叶苦苣和碎叶苦苣，其中有心叶黄化的品种称黄心苦苣。

⊙ **应用价值**　苦苣的嫩叶中除含有维生素、矿物质和纤维素外，还含有苦苣素，具有帮助消化、增进食欲、清热解毒之功效，长期食用有辅助治疗糖尿病的作用。以生食为主，洗净后，直接加入调味料凉拌即可，也可直接蘸辣椒酱食用，口感爽脆。

辣根

⊙ **起源分类**　辣根，别名西洋山崳菜、马萝卜，为十字花科辣根属以肉质根供食的多年生草本植物，原产于欧洲东部和土耳其，已有2000多年的栽培历史。我国青岛、上海郊区栽培较多。其肉质根内含有一种挥发性强的油质——黑芥子苷，有特殊的辛辣气味，在我国主要作为调料，用作肉类罐头的香辛料，而在国外已作为保健蔬菜。其地上部分茎叶可作饲料。

⊙ **生长习性**　喜冷凉气候，春季当气温在12~13℃、地温4~6℃时，开始生根发芽，生长发育的适温在20℃左右。对土壤的适应性很强，较耐干旱，怕水涝。栽培以土层深厚、疏松肥沃、排水性能良好、土壤pH6~6.5的沙质壤土为宜。

⊙ **应用价值**　经加工生产的辣根片、辣根粉、保鲜辣根等，多出口到日韩及欧洲各国，具有较高的经济效益。中医认为，其性温、味辛，归胃、胆、膀胱经，有利尿、兴奋神经的功效。近年的研究发现，它具有较强的抗癌效果，同时也可代替山崳菜用作生鱼片、寿司等的佐料，因此，市场需求量日益增长，具有较大的发展潜力。

肉质根

开花

露草（穿心莲）

⊙ **起源分类**　露草，又称花蔓草、露花、牡丹吊兰，番杏科露草属多年生草本植物。植株匍匐或悬垂生长，茎叶肉质，花紫红色或深粉红色，夏、秋季节开放。原产于南非，作为观赏植物引入我国，近几年多作蔬菜食用，被称为"穿心莲"，但并不是我国的传统药用植物穿心莲。

⊙ **生长习性**　露草喜温暖湿润的环境，生长的适宜温度为 15~25℃。喜中等光强，茎叶旺盛生长期需供应充足的水分。忌高温多湿，喜排水良好的沙质土壤。可播种繁殖或扦插繁殖。

⊙ **应用价值**　露草四季常青，青枝绿叶之间绽放着星星点点的红色小花，自然清新，是花、叶俱佳的盆栽花卉。嫩茎叶可食用，洗净后直接与木耳、核桃仁、海螺肉凉拌，清脆爽口，深受消费者的欢迎。茎叶肉含有丰富的维生素和矿物质，春季食用利于护肝，适宜经常使用电脑或用脑过度的人群食用。具有天然的消炎和抗病毒成分，经常食用有预防感冒的作用。

盆栽露草

扦插繁殖

露草凉拌菜

球茎茴香

⊙ **起源分类**　球茎茴香，别名意大利茴香、结球茴香，为伞形科茴香属茴香种的一个变种。因其叶鞘基部肥大抱合成球形而得名。原产于意大利南部，现主要分布在地中海沿岸地区。我国自 20 世纪 60 年代即引进栽培，近几年栽培面积略有增加。

⊙ **生长习性**　球茎茴香幼苗期与小茴香极其相似。当植株具有 8~10 片大叶时，叶柄基部的叶鞘变宽增厚呈肉质，并紧密相互抱合于短缩茎上，形成扁圆形或近圆形球茎。喜凉爽的气候，生长最适温为 15~20℃，超过 28℃生长不良。幼苗在 4℃左右的低温下通过春化。在较高的温度及长日照条件下抽生花茎，复伞形花序，开小黄花，有香气。营养生长阶段喜光怕阴，充足的光照有利于植株的生长和养分的积累，促进球茎膨大。整个生长发育过程中对水分的要求严格，要求土壤湿度为田间最大持水量的 80%，空气相对湿度为 60%~70%。对土壤的要求不严格，在保肥保水力强的肥沃壤土上种植易获得高产。

复伞形花序

幼苗

⊙ **品种类型**　根据球茎形状分为扁球形和圆球形两类。

⊙ **应用价值**　球茎茴香以膨大肥厚的叶鞘部和嫩叶为食，具有比小茴香略淡的清香，内含有类胡萝卜素、维生素 A、维生素 C、钙以及人体所需的氨基酸，营养价值很高。并含有黄酮苷、茴香苷等，性味甘温，可入药，有温肝胃、暖胃气、散寒结等作用，是一种很好的保健蔬菜。其食法多样，可用于炒食、做馅，或做沙拉、汤料，风味独特。

食用仙人掌

⊙ **起源分类** 食用仙人掌是指仙人掌科仙人掌属所包含的其肉质茎可以作为蔬菜食用，果实作为水果鲜食的品种。仙人掌类植物多产于美洲干旱荒漠或半荒漠地区，仅墨西哥就有1000余种，所以墨西哥有"仙人掌王国"之称。我国于1997年从墨西哥引进"米邦塔"菜用仙人掌，目前在国内有少量栽培。

⊙ **生长习性** 仙人掌在生长季节喜欢充足的阳光和较大的昼夜温差。最适生长温度为白天25~28℃，夜间15~18℃。夏季气温持续高于35℃或冬季气温持续低于10℃都会使仙人掌进入休眠。气温低于5℃时易发生冻害。虽然较耐干旱和瘠薄，但肥水充足利于其生长。根系不耐涝，积水会导致烂根，要求土层深厚、土质疏松、排水良好的中性沙质壤土。

⊙ **品种类型** 食用仙人掌主要包括两种类型，一种是以采收掌片为主的菜用仙人掌，如"米邦塔"、"金字塔"等品种，另一种是以采收果实为主的果用仙人掌，如"皇后"等品种。

⊙ **应用价值** 仙人掌是拉美国家的传统食物，其可食部分中富含维生素、纤维素、钙及人体所必需的氨基酸和多种微量元素，具有清热解毒、消炎

温室栽培

果实

解暑、舒筋活血、健胃补脾等作用，可增强人体免疫力，对某些癌症、心脑血管疾病和糖尿病等有一定的辅助疗效，被称为"绿色的金子"。其生长迅速、含水多、纤维细、营养丰富，食用清爽脆嫩，口感清香，可加工成多种保健品，还是制作罐头、饮料、酿酒的上等原料。食法多样，加工前要将皮、刺削去，并用盐水浸泡15~20分钟，或用水焯过后，再用清水漂洗一下，去掉苦味，凉拌、热炒、炖煮、做馅均可。

香芹

⊙ **起源分类** 香芹，又叫法国香菜、洋芫荽、荷兰芹等，为伞形花科欧芹属一二年生草本植物，原产地中海沿岸，欧洲的栽培面积较大，日本及我国港澳地区栽培也较多。

⊙ **生长习性** 香芹性喜温暖而凉爽的气候，生长的适宜温度为 15~20℃，超过28℃则生长缓慢，长期低于 −2℃ 则有冻害。喜湿润，但不耐涝。较耐阴，光照充足则生长旺盛。属低温长日照植物，对土壤的适应性较强，在pH6~8 的范围内均能良好生长。由于是浅根性作物，吸收能力弱，所以对土壤水分和养分的要求均较严格，保水保肥力强，有机质丰富的土壤最适宜其生长。

⊙ **品种类型** 根据叶形不同，可分为板叶香芹、芹叶香芹、皱叶香芹和蕨叶香芹。我国引种的多为皱叶香芹，其叶片呈宽厚的羽毛状，外观雅致，适合做"青枝绿叶"装饰菜肴。其植株矮小，适于家庭盆栽，可随时摘收新鲜叶片食用。

⊙ **应用价值** 香芹是一种营养成分很

盆栽香芹

幼苗

植株

高的芳香蔬菜，其中胡萝卜素及微量元素硒的含量较一般蔬菜高。具有抗衰老、祛斑、增进免疫、降胆固醇、降血压、抗血栓、强化骨质等作用，有益于心血管疾病、视网膜退化、关节炎和肿瘤的防治。香芹多做装饰配菜、沙拉，烹饪牛羊肉或鱼类时切成碎末作香辛调料，可去膻除腥。

皱叶甘蓝

⊙ **起源分类**　皱叶甘蓝，又称皱叶圆白菜、皱叶椰菜，十字花科芸薹属甘蓝种中能形成具有皱褶叶球的一个变种，二年生草本植物。原产于地中海沿岸，是欧美国家的主要蔬菜之一，我国栽培较少。它与普通结球甘蓝的区别在于它的叶片卷皱，而不像其他甘蓝的叶那样平滑。

⊙ **生长习性**　皱叶甘蓝对环境条件的要求与普通甘蓝基本相同，但较之更耐寒，冬性强。其营养生长的适温为20~25℃，叶球的形成需在莲座期长出一定数量的叶片后，在较冷的气候下形成，适温为15~20℃；对低温春化的要求严格，抽薹较晚；生长期需要充足的阳光及肥水，不耐涝。

⊙ **应用价值**　在营养生长期，其叶片薄壁组织生长快于叶脉，在较快的生长过程中，空间不足以使其伸平生长，因而形成皱褶。由于大量的皱褶，叶表面积增大，叶片不大即可结叶球，所以比其他甘蓝品种的质地更为细嫩、柔软。经测定，其所含的各种营养成分均显著地高于普通甘蓝，芥子油的气味较轻，口感佳，更适合生食，宜做沙拉、泡菜等，也可炒食。

幼苗

结球初期

紫甘蓝

⊙ **起源分类** 紫甘蓝又名红甘蓝、紫洋白菜或紫茴子白，为十字花科芸薹属甘蓝种中的一个变种，二年生草本植物，因其外叶和叶球均呈紫红色故名紫甘蓝。原产于地中海沿岸，由于其叶片色彩鲜艳，是西餐沙拉中不可缺少的彩色蔬菜。20世纪 90 年代引入我国，现已逐渐被国人认可。

⊙ **生长习性** 紫甘蓝喜温和凉爽的气候，种子发芽适温为 15~20℃，外叶生长适温为 20~25℃，结球的最适温度为 15~20℃，温度超过 25℃，植株生长不良。喜湿不耐涝，在 80%~90%的空气湿度和 70%~80%的土壤湿度下生长良好。喜中等光强，结球期要求日照较短和较弱的光强度。对土壤的适应性较广，最适 pH6.5 左右的土壤。

⊙ **应用价值** 紫甘蓝的食用部分为肥大而美丽的紫色叶球，营养丰富，含多种维生素、矿物质，尤其富含维生素 C，再加上丰富的花青苷类色素使它成了天然的抗氧化剂。这些抗氧化成分能够保护人体免受自由基氧化的损伤，并且有助于细胞的更新。富含硫元素，被人体吸收后可起到杀菌作用。还含有大量的纤维素，可以增强肠胃功能，有助于消化。食用方法同普通甘蓝，可煮食、炒食、凉拌、腌渍、做泡菜等。由于熟食往往会改变其色泽，容易破坏营养成分，所以最适合作为配色菜或做成沙拉生食。

结球期

TECHANSHUCAI

二、特产蔬菜

特产蔬菜是指原产于我国或在我国部分地区栽培历史较长，但在全国范围内并未普及，特别是在北方地区栽培较少的一类蔬菜，例如落葵、豆薯、佛手瓜等。

扁豆

⊙ **起源分类** 扁豆，又称白扁豆、蛾眉豆、篱笆豆、眉豆、鹊豆，为豆科扁豆属缠绕一年生草本植物。原产于亚洲和非洲热带地区，我国南北朝时就开始种植。全国南北各地都有零星栽培，但大量的商品生产很少。嫩荚和成熟的种子均可食用。

⊙ **生长习性** 扁豆喜温耐热，生长发育适温为23~25℃，耐高温、干燥能力强，适宜夏季生长。在温暖多湿的条件下生长发育良好，茎叶繁茂。开花期以后稍干燥的条件下着荚率高，产量高。为短日照植物，故南方品种在北方种植则晚熟。对土壤的适应性广，但以保水力强的腐殖质壤土最适宜。

⊙ **品种类型** 根据花的颜色可分为红花扁豆和白花扁豆两种类型。其中白花扁豆的花和种子均可入药。

⊙ **应用价值** 扁豆主要以嫩荚和嫩豆供食用，有特殊的香味，可食部分富含维生素、矿物质和膳食纤维。嫩荚可供炒、煮、腌渍和干制，老荚煮食味更鲜美；豆粒可煮粥，白扁豆种子加糖煮食被喻为珍品，可与莲子相比。需要注意的是，它含有皂苷和细胞凝集素，可引致食物中毒，烹饪时一定要做得十分熟方可食用。

白花扁豆

花序

盆栽

结荚状

菜心

⊙ **起源分类** 菜心，又名菜薹、广东菜，十字花科芸薹属芸薹种白菜亚种中以花薹为产品的变种，一二年生草本植物，以花薹为主食部分。起源于中国南部，是我国的特产蔬菜，是华南地区尤其是广东省的主要蔬菜之一，每年还大量出口港澳地区，在我国台湾省和东南亚及日本等地都成为被推崇的蔬菜，但在我国北方的栽培面积较小。

⊙ **生长习性** 菜心喜冷凉湿润的气候条件。种子发芽的适宜温度为 25~30℃，叶片生长期的适宜温度为 20~25℃。抽薹期的适宜温度为 15~20℃，高于 25℃虽生长快但质粗味淡。整个生长发育过程都需要较充足的阳光，特别是菜薹形成期，光照不足，影响光合作用，菜薹生长细弱，产量降低，品质差。喜湿不耐旱，生长期应保持田间湿润。对土壤的适应性较广，但是以保水保肥能力强、有机质多的壤土或沙壤土最为适宜。

⊙ **品种类型** 根据菜薹的颜色可分为紫菜薹和绿菜薹两种类型。紫菜薹花薹深紫红色，耐寒不耐热。绿菜薹花薹绿色、细嫩，腋芽萌发力较弱，对温度的适应性较强。

⊙ **应用价值** 采收标准一般是菜薹长

到同最高叶片的先端平齐，花蕾初开，俗称"齐口花"时为适宜采收期。花薹富含维生素、矿物质和膳食纤维，适合清炒、凉拌、做汤，品质柔嫩，风味独特。

草石蚕

⊙ **起源分类** 草石蚕，别名螺蛳菜、宝塔菜、甘露儿、地蚕，为唇形科水苏属多年生蔬菜，原产于东亚，我国自古栽培，分布南北各地，江苏、扬州栽培较多。以地下肉质茎供食，质脆味甜，含丰富的蛋白质及多种维生素，是腌酱菜的上等佳品，具有鲜、嫩、脆、甜四大特点，出口日本、韩国及东南亚各国。

⊙ **生长习性** 草石蚕性喜湿润，适应性较强，野生或栽培。自然生长状态下，3月中下旬土温达8℃时，在土中萌芽，4月初出土，5~6月生长渐旺。8~9月，地上部生长转缓，匍匐茎顶端数节开始膨大，形成块茎。10月，块茎已形成，立冬以后，地上部遇霜枯死，以地下茎越冬。

⊙ **品种类型** 我国栽培的草石蚕包括地蚕和地藕两种类型。地蚕植株较矮，叶片较小，块茎品质好，玉白色，致密多汁。地藕植株较高，叶片卵状宽披针形，地下茎产量高，但品质差。

⊙ **应用价值** 草石蚕块茎含水苏碱、水苏糖、蛋白质、氨基酸、脂肪、葫芦巴碱等成分，具有较高的保健作用。其味甘，性平，能养阴润肺。用于治疗肺阴不足，干咳痰少，风热感冒或虚劳咳嗽。其地上部分茎叶有治疗风湿性关节炎、肝炎、毒蛇咬伤和散瘀止痛等功效。

幼苗

植株

产品

刀豆

⊙ **起源分类**　刀豆，又名大刀豆、刀鞘豆、关刀豆，豆科刀豆属一年生缠绕性草本植物。原产于印度，我国南方普遍栽培，北方仅有零星种植。豆荚绿色，扁平宽大，弯曲如刀，长15~30厘米，宽4.5厘米左右，单荚重约150克。

⊙ **生长习性**　刀豆喜温耐热，生长适温为20~25℃。对光照要求严格，光照充足时结荚多，落花落荚少。适于生长在排水良好、肥沃疏松的土壤上，但以沙壤土或壤土最为适宜。

⊙ **品种类型**　刀豆包括蔓生型和矮生型两种类型。蔓生型又称大刀豆、关刀豆，茎蔓生，粗壮，长2~4米，花淡紫红色，种子大，白色或粉红色；矮生型又称洋刀豆、立刀豆，植株矮生，花白色，果荚较短，种子白色，小而厚。

⊙ **应用价值**　刀豆多以嫩荚供食，质地脆嫩，肉厚味鲜，可炒食或煮食，亦可腌制酱菜或做泡菜。种子可煮食或做菜肴。刀豆的种子、根和荚壳均可入药。近年来，花卉市场上出现了一种风靡全球的"魔豆"，就是将大刀豆的种子用激光刺上各种祝福的词语，装入易拉罐，打开罐子浇水后长出的豆瓣上字迹清晰可见。这种宠物花卉在青少年中非常流行，致使刀豆种子的价格飙升，且供不应求。

种子

种子萌发

果实

冬寒菜

⊙ **起源分类** 冬寒菜，别名冬苋菜、冬葵、滑肠菜，锦葵科锦葵属一二年生草本植物。原产于中国、日本、朝鲜等地，广泛分布于东半球北温带及亚热带地区。食用期由幼苗开始直至开花初期，供应期较长。因其生长期长，产量不高，一般多只在地边零星栽培，而很少大面积种植。

⊙ **生长习性** 冬寒菜喜冷凉湿润的气候条件，耐寒力强，轻霜不枯死，低温还可增强品质。耐热力较弱，生长适温为15~20℃，30℃以上植株病害严重，茸毛增多增粗，组织硬化，品质降低。光照充足有利于提高产量、产品质量和花芽分化。喜湿润的环境条件，要求有充足的水分供应。对土壤的要求不严，但以保水保肥强的土壤更易丰产，不宜连作。

⊙ **品种类型** 包括紫梗冬寒菜和白梗冬寒菜两种类型。紫梗冬寒菜茎绿色，叶大肥厚，叶面有皱，生长势很强，较晚熟，开花期迟，生长期长。白梗冬寒菜叶较薄较小，叶柄较长，较耐热，早熟。

⊙ **应用价值** 冬寒菜以幼苗或嫩茎叶供食，营养丰富，富含胡萝卜素、维生素C和钙元素。中医学认为其具有清热、舒水、滑肠的功效。适合炒食、煲汤或煮粥，口感滑利，具有清香柔滑的味道，而且可促进食欲，提高人体免疫力。

叶片

种子

豆薯

⊙ **起源分类** 豆薯又名凉薯、地瓜、沙葛、土瓜、地萝卜等，豆科豆薯属中能形成块根的栽培种，为一年生或多年生缠绕性草本植物。原产于美洲，在美洲的栽培历史悠久，哥伦布发现新大陆后由西班牙人传入菲律宾，以后传到世界各地。我国南方广泛栽培，以贵州遵义的豆薯、广西合浦的沙葛最著名。近年来，在北方也开始引种栽培，但面积较小，属珍稀蔬菜。

⊙ **生长习性** 豆薯喜温耐热，不耐寒。发芽适温为30℃，茎叶生长适温为20~30℃，肉质根膨大的适温为20~25℃，开花结荚期要求30℃的高温。生长期间要求光照充足，长日照条件下适于茎叶生长，短日照条件下适合块根膨大。要求土层深厚、疏松、排水良好的壤土或沙壤土，不适于在黏重土壤上种植。

⊙ **品种类型** 按成熟期分为早熟种、晚熟种。早熟种生长势中等，块根膨大较早，生长期较短，块根扁圆或纺锤形，皮薄，纤维少，单根重0.4~1.0千克，可鲜食或炒食。晚熟种生长势强，生长期长，块根成熟较迟，块根扁纺锤形或圆锥形，皮较厚，纤维多，淀粉含量高，单根重1.0~1.5千克，适于加工制粉。

攀缘生长

肉质块根

⊙ **应用价值**　豆薯食用部分为肥大的
肉质块根，富含糖类、蛋白质、淀粉、
维生素和矿物质等。其肉质块根洁白、
嫩脆、香甜多汁，可当水果生食，也
可凉拌炒食或熟食，具有止渴生津、
解酒、降血压、清凉去热等功效。老
熟块根还可加工制成淀粉，生食的块

根可适当早采，成熟块根应在霜冻前
收获，可贮藏供应至翌年 2 月。需要
注意的是，其种子和茎叶含有鱼藤酮，
对人畜有毒，不能食用，可提取杀虫剂。

佛手瓜

⊙ **起源分类**　佛手瓜，别名菜肴梨、合掌瓜、福寿瓜等，葫芦科佛手瓜属植物，原产于墨西哥和中美洲，19世纪初传入我国，在我国南方普遍栽培。其瓜形近似梨形，上有不规则浅纵沟，似两手合拢拜佛状，故称"佛手"。在热带、亚热带地区为多年生，温带地区则多作一年生栽培。每个果实中只有一枚种子，且种皮退化成膜状，不能与果实分离。因此多用种瓜繁殖，是真正的"种瓜得瓜"。

⊙ **生长习性**　佛手瓜喜温暖的气候，不耐热也不耐寒，地上部分遇霜即枯死。其最适宜的生长温度在20~25℃之间，能短时间忍耐40℃的高温，可以安全越夏。佛手瓜是一种典型的短日照作物，耐荫蔽，在长日照条件下不开花结果。因此，在北方栽培多于夏末秋初开花结果。佛手瓜根系分布较浅，且枝叶繁茂，茎秆粗壮，需水量大，既不耐旱，又不耐涝，要求土壤经常保持湿润状态。佛手瓜单株可结瓜300~500个，产量高，因此需肥量大，宜选择肥沃、疏松、排灌方便的壤土或沙壤土种植。

⊙ **品种类型**　佛手瓜有绿皮和白皮两种类型。绿皮种生长势强，结果多，瓜较长而大，皮色深绿，具稀疏刚刺，地下部分能产生块根；白皮种长势较弱，结果少，瓜型较圆而小，皮色白绿，光滑无刺，瓜肉组织致密，糯性，味佳。

⊙ **应用价值**　佛手瓜营养丰富，其蛋白质和钙的含量是黄瓜的2~3倍，维生素和矿物质的含量也显著高于其他瓜类，而且其含钠量低，钾和锌含量高，经常食用可利尿排钠，有扩张血管、降压之功能，是心脏病患者、高血压病患者和缺锌儿童的保健蔬菜。其嫩瓜清脆多汁，可凉拌、炒食、做汤、做馅或盐渍，还可加工成蜜饯、果脯和饮料等，风味独特。其肥大的块根味似马铃薯，多汁的嫩梢人称"龙须菜"，均可食用。特别需要指出的是，其嫩梢中含有丰富的硒元素，硒元素具有较强的抗氧化作用，可以保护细胞膜的结构和功能免遭损害等。

佛手瓜种瓜出苗

剥离种瓜

雄花

雌花

瓠瓜

⊙ **起源分类** 瓠瓜，别名瓠子、扁蒲、葫芦，葫芦科葫芦属一年生蔬菜，原产于印度和非洲，是我国栽培的葫芦科蔬菜中最古老的一种。中国古时以其老熟干燥的果壳作容器，也作药用，《诗经》中已有记载，在我国南北方广泛种植。因其雌雄花大都在夜间及早晚光照弱时开放，故又称"夜开花"。

⊙ **生长习性** 瓠瓜起源于热带，喜温暖气候，不耐低温。种子发芽适温为30℃，植株生长适温为25~30℃。喜强光，特别是结瓜期，光照充足，有利于提高坐果率和果实发育，如遇阴雨天则易化瓜、烂瓜。生长势强，茎叶生长量大，结果多，整个生长期需水量较大。不耐贫瘠，在肥沃疏松、排灌方便的沙壤土上生长良好，黏重土、低洼地种植易感病。瓠瓜茎的分枝能力强。主蔓结瓜迟，以侧蔓结瓜为主。

⊙ **品种类型** 中国瓠瓜的类型和品种十分丰富，根据果实形态和大小分为五个变种。

（1）瓠子 又称蒲瓜，按果实长短又可分为长圆柱和短圆柱两种类型。

（2）长颈葫芦 果实先端呈圆球形，向上渐细，至果柄处细而长，果实嫩时可食，老熟后可作瓢用。

长颈葫芦

大葫芦

细腰葫芦

（3）大葫芦 果实圆形、近圆形或扁圆形，横径20厘米左右。如温州圆蒲、日本肉葫芦等。

（4）细腰葫芦 果实蒂部大，近果柄部分较小，中间缢细，呈葫芦形，嫩时可食，老熟后可作容器。

（5）观赏腰葫芦 果实与细腰葫芦相似，但果实小，果径仅10厘米左右。

可供观赏，无食用价值。

⊙ **应用价值** 以嫩果为食，富含胡萝卜素等多种维生素和矿物质，具有清热解毒、通便益气之功效。可炒食、煲汤、做馅，瓜肉细腻滑爽，适合大多数人的口味。此外，老熟的葫芦壳可制成酒壶、水瓢等多种器具，还可加工成各种精美的工艺品。

雄花

雌花

短圆柱形瓠子

观赏小葫芦

雌花

节瓜

⊙ **起源分类** 节瓜，又称毛瓜、毛节瓜，葫芦科冬瓜属的一个变种，一年生攀缘植物，原产于中国南部，是广东省的特产蔬菜之一，在广东有300余年的栽培历史。目前在我国南方种植普遍，也是销往香港、澳门的主要瓜菜之一。由于其开花结果迅速，成熟期较早，瓜形较冬瓜小，便于当代小家庭食用，所以在北方的栽培面积也不断增大。

⊙ **生长习性** 节瓜的植株、叶、花等与冬瓜非常相似，因此也称小冬瓜。与冬瓜的主要区别在于第一雌花的着生位置较冬瓜低，且两花之间的节数少，间隔短。果实绿色间有白

斑，嫩瓜表面密被茸毛，可称毛瓜；老熟瓜茸毛脱落，被白色蜡粉，可称节瓜。喜温耐热，种子发芽适温为25~28℃，幼苗期至抽蔓期的生长适温为20~25℃，开花结果期的生长适温为25~30℃。整个生长期都要求有充足的光照。节瓜喜湿不耐涝，对土壤的要求不严，但由于结果多，需肥量大，宜在疏松肥沃保水力强的土壤上种植。

⊙ **应用价值** 节瓜嫩瓜、老瓜均可食用，营养较为丰富，炒食、做汤、做馅均可，肉质细腻，柔滑清淡，具有清热解毒、利尿消肿的食疗作用，是消暑的理想蔬菜。同时，对治疗肾病、浮肿病和糖尿病也具有一定的辅助作用。

雄花

正在生长的小节瓜

果实

芥蓝

⊙ **起源分类**　芥蓝，十字花科芸薹属一二年生蔬菜，原产于中国南方，是我国的特产蔬菜之一，在我国南方广泛栽培。芥蓝是甘蓝的一个变种，以柔嫩的花薹及嫩叶为主要食用部分，引入北方后，得到了北方消费者的普遍认可，是一种很有发展前途的新兴蔬菜。

⊙ **生长习性**　芥蓝生长发育的温度范围比较广，种子发芽的适宜温度为25~30℃。幼苗能适应较高或较低的温度，叶丛生长和花薹形成的适温为15~25℃。其生长需要较强的、充足的光照。在此条件下营养生长健壮，花薹质量好。若光照弱或不足，植株生长细弱，易感病害。是耐肥喜湿润的蔬菜，尤喜氮肥，生长期间保持最大持水量的80%~90%为宜。

⊙ **品种类型**　我国的芥蓝有白花芥蓝和黄花芥蓝两种。黄花芥蓝的品种很少，以采摘抽薹前的幼嫩植株上市，食用嫩叶；白花芥蓝花薹肥大，主要以肥嫩的花薹及其嫩叶供食。

⊙ **应用价值**　芥蓝花薹细胞组织紧密，含水分少，表皮又有一层蜡质，所以嚼起来爽而不硬、脆而不韧。特别适合炒食或开水焯后凉拌，注意不要烹制过熟，保持其颜色翠绿，清香脆嫩。营养丰富，胡萝卜素和维生素C的含量很高，远高于菠菜等普通绿叶菜。

它含有一种独特的苦味成分是金鸡纳霜，能抑制过度兴奋的体温中枢，起到消暑解热的作用。它还含有大量的膳食纤维，能防止便秘。有降低胆固醇、软化血管、预防心脏病等功效。有利水化痰、解毒祛风、消暑解热、解劳乏、清心明目等功效，能润肠祛热气、下虚火，对肠胃热重、熬夜失眠、虚火上升、牙龈肿胀出血等也有辅助治疗效果。

金丝瓜

⊙ **起源分类**　金丝瓜，别名搅瓜、面条瓜、鱼翅瓜、天然粉丝等，葫芦科南瓜属美洲南瓜的一个变种，一年生草本植物。原产于美洲南部，我国自明朝开始种植，全国各地均有分布，其中上海崇明县的瀛洲金瓜最为著名。金丝瓜是瓜类蔬菜中的稀有品种，嫩瓜老瓜均可食用，但以食用老瓜为主，成熟的老瓜蒸煮或冷冻后，果肉可搅成金丝状，故称金丝瓜。

⊙ **生长习性**　金丝瓜喜温不耐热，植株生长的最适温度为20~28℃，当温度高于35℃时，花器官发育受阻，受精不良，且病毒病发生严重，植株易早衰。生长期间要求有充足的光照，

否则不易坐果，因此，栽培期间要及时进行植株调整，防止相互遮阴和争夺养分造成化瓜。对土壤的适应性较强，耐旱耐贫瘠。根系不耐涝，雨季及时排除积水。

⊙ **品种类型**　根据瓜的颜色可分为两类，一类果皮与果肉均是金黄色，即通常所说的金瓜，此类型瓜小，单瓜重1~1.5千克，品质较好。另一类果皮浅黄色，果肉黄白色，俗称"银瓜"，单瓜重2千克左右，品质一般。

⊙ **应用价值**　金丝瓜的老熟果实耐贮藏，常温下可贮2~3个月，10℃左右的阴凉处可贮半年之久。成熟的果实不怕霜冻，冻后味道更好。因此，冬

金瓜

银瓜

季可于室外堆放或悬挂于屋檐下，在元旦或春节期间食用。食用前将瓜横剖，除去种子，放入锅内蒸煮 10 分钟或放入冰箱内速冻，取出后用筷子搅动瓜肉，即可获得面条状的金丝。凉拌、炒食或做馅均可，口味清香，脆如海蜇，有"植物海蜇"之美称。它不仅味道鲜美，并且具有较高的营养价值，其瓜肉富含多种维生素和氨基酸，具有清热解毒、健胃消食、利肝明目等食疗作用，是一种天然的营养保健食品。近年来，我国农业科技工作者培育了拍砸金丝瓜、生砸无蔓金丝瓜等新品种，果实成熟后不用蒸煮或冷冻，直接可以拍成细丝状果肉，深得消费者的喜爱。

砍瓜

⊙ **起源分类**　砍瓜，葫芦科南瓜属一年生草本植物，是近年来从中国南瓜中选育培养出的一个变种。其果实为长圆柱形，果长50~80厘米，因其果实在生长期间可随吃随砍，伤口能迅速愈合，不影响果实继续生长，故称为"砍瓜"。

⊙ **生长习性**　种子发芽的适宜温度为25~30℃，生长发育的适宜温度为白天23~30℃，夜间15~18℃，喜中等强度的光照条件，耐旱力强，但由于叶片较大，蒸腾作用旺盛，需要吸收大量的水分。砍瓜对土壤的适应性较强，最好是在疏松肥沃、排灌良好的壤土上种植，砍瓜的需肥量较多，以氮、磷、钾和微量元素配合使用产量高、品质好。

⊙ **应用价值**　砍瓜皮薄肉嫩、香糯可口，可用于炒食、煲汤、馅食等等，营养价值高于普通菜瓜，因其砍食的特点，特别适于庭院小规模栽培，栽培一两棵就会伸蔓生长很大的面积，且产量非常高。

砍下一段果实

伤口迅速愈合

落葵（木耳菜）

⊙ **起源分类**　落葵又名木耳菜、胭脂菜、豆腐菜等，属落葵科一年生草本植物。原产中国和印度，在中国栽培历史悠久，公元前300年即有关于落葵的记载。因其嫩梢和嫩叶肉质光滑，咀嚼时如吃木耳一般，故名木耳菜。目前中国南方各省栽培较多，在北方也有栽培，一直列入珍稀蔬菜。

⊙ **生长习性**　植株生长势较强，茎分枝能力很强，长达数米，有攀缘性，可爬地栽培或搭架栽培。喜温暖，耐热、耐湿性较强，不耐寒冷。种子发芽适温为20℃左右，生育适温为25~30℃，不耐寒，遇霜害则枯死。在35℃以上高温下，只要不缺水，仍能正常长叶及开花结籽。其耐热、耐湿性均较强，高温多雨季节仍生长良好。对土壤的要求不严格，适应性强，喜欢中性或偏酸性的疏松土壤。

⊙ **品种类型**　按植物性状可分为白花落葵和红花落葵两种类型。

⊙ **应用价值**　以幼苗、嫩梢和嫩叶供食用，其色泽油绿、气味清香、柔滑爽口、风味独特，可做汤、炒食、凉拌等，叶片中富含胡萝卜素、维生素C、钙、铁等营养物质。不仅有较高的营养价值，还有一定的药用价值，经常食用有降压保肝、清热解毒、润泽皮肤和美容的作用。此外，其叶碧绿、花红、果紫，加上攀缘生长，可作盆栽或篱笆式栽培，可食可赏，适用于庭院种植或农业观赏园区种植。

幼苗

花

攀缘生长

果实

盆栽落葵

蛇瓜

⊙ **起源分类** 蛇瓜，俗名蛇豆、蛇丝瓜。葫芦科栝楼属一年生攀缘植物。原产于印度、马来西亚，广泛分布于东南亚和澳大利亚，我国各地有零星栽培。

⊙ **生长习性** 蛇瓜果实长条形，一般长1米以上，易盘旋生长。瓜条末端和基部较细，末端弯曲，形似蛇。它不仅外形似蛇，且茎叶、果实均有浓重的蛇腥气，初次接触者可能不习惯，但经贮藏或烹饪后，腥气消失。喜温耐热，种子发芽的最适温度为30~35℃，植株生长的适温为25~30℃，35℃条件下仍能正常生长。整个生长期都要求充足的光照，特别是开花结果期，光照足，坐果率高，果实发育快。喜湿润，但也较耐干旱，生长期间应保持水分供应均匀。耐贫瘠，对土壤的要求不严，但仍以肥沃的壤土或沙壤土上种植生长旺盛，产量高。

⊙ **品种类型** 蛇瓜的类型较多，根据瓜条长短可分为短果型、中长果型和长果型。其中果实短而粗者称为老鼠瓜。根据瓜条的颜色可分为白皮、青皮、黑皮、灰皮等，瓜的条纹有白条、青丝、青斑等。

⊙ **应用价值** 蛇瓜以嫩果供食，富含多种维生素和氨基酸。性凉，入肺、胃、大肠经，能清热化痰，润肺滑肠。食用方法很多，可焯后凉拌、炒食或做汤，色碧绿，味清香。其嫩茎叶可炒食、做汤，别具风味。

种子

叶片

果实

老鼠瓜

作观赏栽培的蛇瓜

丝瓜

⊙ **起源分类**　丝瓜，又称天罗瓜、天丝瓜、布瓜、洗碗罗瓜，葫芦科丝瓜属一年生攀缘植物。原产于印度，在我国华南、华北地区普遍栽培，是夏季的主要蔬菜之一。

⊙ **生长习性**　丝瓜喜温耐热，种子发芽适温为28~30℃，植株生长适温为25~30℃，能耐35℃以上的高温。普通丝瓜对日照长短的要求不严，有棱丝瓜是严格的短日照植物，在北方栽培到秋季才开花结实。对光照强度的要求不严，光照充足有利于植株的生长发育，但在树荫下也能正常生长。

喜湿润的气候，耐高湿，干燥条件下果实纤维多，易老化。根系强大，吸水吸肥能力强，因此较耐贫瘠。但以有机质含量高、保水性好的黏壤土上种植易获高产。

⊙ **品种类型**　丝瓜包括普通丝瓜和有棱丝瓜两种类型。普通丝瓜又称水瓜，表面光滑或具细皱纹，生长势强，产量高，适应性强，南北均有栽培；有棱丝瓜又称棱角丝瓜，植株长势较普通丝瓜弱，果实表皮墨绿色，果实表面有明显的9~11条凸起的棱线。种皮较厚，粗糙有凸起。主要分布在广东、

广西、福建、台湾等省区。

⊙ **应用价值** 丝瓜以嫩瓜供食，其嫩果营养丰富，含多种维生素和矿物质。切片后可用开水焯后凉拌，也可与肉片、鸡蛋、虾皮同炒，入口滑嫩，味道鲜美。做汤具特殊的清香，夏天食用有祛暑清心、开胃润肠的作用。老熟后瓜瓤变成细致的纤维，很柔韧，叫丝瓜络，可用于洗刷锅碗等器皿或代替海绵洗浴擦身，还可作鞋垫、帽垫使用。它还是传统的中药材，其瓜、蔓、花、籽、络均可入药，具有清热、解毒、化痰、凉血的功效，可治疗热病烦渴、痰喘、咳嗽、痔疮、血崩、疔疮、乳汁不通等症。丝瓜籽也叫乌牛子，可治疗儿童蛔虫症。丝瓜藤水，古称"天罗水"，用其擦脸，具有美容除皱的功效。

雄花

雌花

温室栽培

酸浆

⊙ **起源分类** 酸浆，又名洋姑娘、红姑娘、挂金灯、戈力、灯笼草、洛神珠、泡泡草等，原产于中国和南美洲，是茄科酸浆属植物，南北均有野生资源分布。在中国的栽培历史较久，在公元前300年，《尔雅》中即有酸浆的记载，目前在东北地区种植较多，其他地区栽培少。

⊙ **生长习性** 酸浆的适应性很强，在5~40℃的温度范围内均能正常生长。喜光不耐旱，栽培中要求较低的空气湿度，花期和结果期要求充足的土壤水分。可在各种土壤中栽培，但最适宜种植在肥沃、湿润、有机质含量高的土壤中。

⊙ **品种类型** 酸浆包括黄果酸浆和红果酸浆两种类型。黄果酸浆俗称"洋姑娘"，果大，食用价值较高，风味酸甜，产量也较高，近年多作为水果大面积栽培。红果酸浆俗称"红姑娘"，果稍小，口感与产量均不如黄果酸浆，多作观赏栽培。

⊙ **应用价值** 成熟果味甜美清香，富含维生素C，可作为水果直接食用，也可以加工成果汁、罐头或酿酒。红果酸浆有清热利尿的功效，外敷可消炎，其宿存花萼为传统中药材，具有清热解毒、利咽化痰、利尿等作用，用于咽痛、音哑、痰热咳嗽、小便不利。现代医学认为其具有抗乙肝病毒、治疗上呼吸道感染及糖尿病的作用，国外常用其做抗癌的草药。

黄果酸浆结果状

果实

红果酸浆结果状

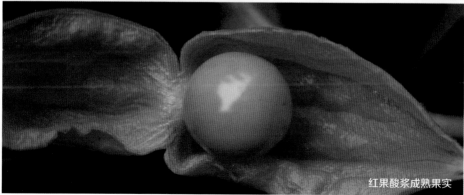

红果酸浆成熟果实

蕹菜（空心菜）

⊙ **起源分类**　又称空心菜、通菜、竹叶菜、藤藤菜，是旋花科牵牛属以嫩茎、叶为产品的一年生或多年生蔓性草本植物。原产于我国热带多雨地区，目前种植范围较广，从南到北均有栽培。

⊙ **生长习性**　喜温耐热，种子在15℃左右开始发芽，幼苗期的生长适温为20~25℃，茎叶的生长适温为25~35℃，能耐35~40℃的高温，但不耐霜冻和低温，遇霜茎叶即枯死；喜较高的空气湿度和湿润的土壤，干旱会造成嫩茎的纤维增多，品质粗糙；对土壤条件的要求不严格，以比较黏重且保肥保水力强的土壤为好，需肥量大，尤喜氮肥。属高温短日照作物，植株是否能开花结果起决定作用的是短日照条件，北方长日照条件下一般不易开花结实。

⊙ **品种类型**　依其能否结籽分为子蕹与藤蕹。子蕹既可用种子繁殖，也可扦插繁殖。耐旱力较藤蕹强，一般栽于旱地，但也可水生。根据花的颜色可分为白花子蕹和紫花子蕹，根据叶形可分为柳叶种、竹叶种和大叶种。藤蕹用扦插繁殖，一般开花少，更难结籽，旱生或水生。

⊙ **应用价值**　营养价值很高，每100克可食部分含钙147毫克，居叶菜首位，胡萝卜素含量比番茄高出4倍，维生素C比番茄高出17.5%，而且还含有人体所需的8种氨基酸。性寒味甘，有清暑祛热、凉血利尿、解毒和促进食欲等功效。食法多样，可做汤或炒食，还可凉拌或做泡菜等，荤素均宜。

幼苗出土

柳叶种

大叶种

竹叶种

田间生长状

乌塌菜

⊙ **起源分类** 乌塌菜，别名塌地菘、黑菜、塌棵菜，十字花科芸薹属不结球白菜的一个变种，以黑绿色叶为产品的二年生草本植物。原产于中国，主要分布在我国长江流域，已有近千年的栽培历史。茎叶经霜后更加肥嫩甜美，是我国南方人民喜食的蔬菜之一，在北方栽培较少。

⊙ **生长习性** 乌塌菜的形态特征与普通散叶白菜相近，植株塌地或半塌地型。喜冷凉湿润的环境，发芽适温为20~25℃，生长适温为18~20℃，植株能耐 -10~-8℃的低温。对光照的要求较强，阴雨弱光易引起徒长，茎节伸长，品质下降。对土壤的适应性较强，较耐酸性土壤。喜水喜肥，尤喜氮肥。

⊙ **品种类型** 按叶形及颜色可分为乌塌菜和油塌菜两类。按植株的塌地程度可分为塌地类型和半塌地类型。

⊙ **应用价值** 乌塌菜叶片肥厚脆嫩，口味清甜鲜美。每 100 克鲜叶中含维生素 C 高达 70 毫克，钙 180 毫克以及铁、磷、镁等矿物质。其炒食、煮汤别有风味，为其他蔬菜所不及，在绿叶菜中不失为上品。《食物本草》中记载："乌塌菜甘、平、无毒。"能"滑肠、疏肝、利五脏"。常吃乌塌菜可防止便秘，增强人体防病抗病能力，泽肤健美。近年来，随着农业观光园区的发展，乌塌菜以其优美的叶型作为盆栽观赏蔬菜被广泛应用。

盆栽

GUANSHANG
SHUCAI

三、观赏蔬菜

观赏蔬菜是指因形状奇特或色彩鲜艳而具有观赏价值的一大类蔬菜。观赏蔬菜可食可赏，多用于家庭盆栽观赏或农业观光园区造景，如羽衣甘蓝、观赏辣椒、彩色蔬菜等。

彩色甜椒

⊙ **起源分类**　彩色甜椒又称大椒，是甜椒的一种，与普通甜椒不同的是其果实个头大，果肉厚，单果质量为200~400克，最大可达550克，果肉厚度达5~7毫米。果形方正，果皮光滑、色泽艳丽，有红色、黄色、橙色、紫色、浅紫色、乳白色、绿色、咖啡色等多种颜色。

⊙ **生长习性**　彩色甜椒植株与普通甜椒相似，但叶片稍大且颜色较深。为喜温性蔬菜，种子发芽适温为25~30℃，幼苗期生长适温为25~30℃，结果期最适温度为25~28℃。对空气湿度的要求一般在50%~70%之间，对光照的要求不严格，较耐弱光，因此适合温室栽培。对土壤的适应性极广，但以中性微酸土壤为最佳。

⊙ **品种类型**　彩色甜椒只在近几十年才开始发展，绝大部分品种均由欧美国家育成。国产品种有国家蔬菜工程技术研究中心育成的京彩（黄星、橙星、白星、紫星、巧克力甜椒等）系列彩椒和北京市农业技术推广站育成的水晶系列（红水晶、橙水晶、黄玛瑙、白玉、紫晶等）彩椒。

⊙ **应用价值**　彩色甜椒果实脆而甜，营养价值高，果肉中含有的丰富的维生素C和β胡萝卜素。其口感甜脆，无辣味，色彩鲜艳，适合做沙拉生食，可作为宾馆、饭店、酒楼的高档配菜和节日礼品菜，在观光农业园区可作为观赏和食用兼用的蔬菜品种。

彩色大白菜

⊙ **起源分类** 大白菜别名结球白菜、黄芽菜，为十字花科芸薹属芸薹种中能形成叶球的亚种，属一二年生草本植物，原产于我国，因其叶球品质柔嫩，营养丰富，易栽培，产量高，耐贮运，符合我国消费习惯，因此在全国各地普遍栽培。近年来，科学家选育出来的彩色大白菜品种，不但好吃，而且好看，深受消费者的喜爱。

⊙ **生长习性** 与普通大白菜相似，喜冷凉的气候条件，生长的适宜温度为 12~22℃，高于 25℃或低于 10℃均生长不良。发芽的适宜温度为 20~25℃，莲座期的生长适温为 17~22℃，结球期的生长适温为 12~22℃，昼夜温差以 8~12℃为宜。喜中等强度的光照，喜水喜肥，适宜在土层深厚、疏松肥沃、富含有机质的壤土和轻黏壤土上生长，适于中性

偏酸的土壤。

⊙ **品种类型** 已育成的品种包括黄心大白菜、橘红心大白菜和紫色大白菜。

⊙ **应用价值** 大白菜是我国人民喜食的传统蔬菜。其营养丰富，除含糖类、脂肪、蛋白质、粗纤维、钙、磷、铁、胡萝卜素、硫胺素、尼克酸外，尚含丰富的维生素，其维生素 C、核黄素的含量比苹果、梨分别高 5 倍、4 倍；微量元素锌高于肉类，并含有能抑制亚硝酸胺吸收的钼。白菜中含有的纤维素可增强肠胃的蠕动，减少粪便在体内的存留时间，帮助消化和排泄，从而减轻肝、肾的负担，防止多种胃病的发生。与普通大白菜相比较，彩色大白菜中的胡萝卜素和花青素的含量明显增加，对于抵抗肌肤衰老、提高人体免疫力具有重要的作用。

黄心大白菜心叶

橘红心大白菜

紫色大白菜

紫色大白菜叶球

飞碟瓜

⊙ **起源分类** 飞碟瓜，又名碟瓜、齿缘瓜、扁圆西葫芦，为葫芦科南瓜属美洲南瓜的变种，是一年生草本植物。在我国的栽培历史很短，20世纪90年代从韩国、美国等地相继引入进行栽培。

⊙ **生长习性** 飞碟瓜为喜温作物，种子发芽适温为25~30℃，生长的适宜温度为15~30℃。高于32℃生长缓慢；高于40℃，或低于8℃停止生长。喜强光，弱光下易徒长和化瓜。要求土壤pH 6.5~7.5。全生育期需充足的水分和大量的氮磷钾供应。

⊙ **品种类型** 目前我国现有的栽培品种可从颜色上大致分为黄、绿、乳白或微绿三种类型。

⊙ **应用价值** 飞碟瓜既可观赏，又可食用。食用时以嫩果供食，味道与西葫芦相似，水分含量低，肉质致密、细腻，可凉拌、炒食、做汤、做馅，或放入肉馅制成美味瓜盅。其老熟果实耐贮藏，外形美观，色泽鲜艳，具有很高的观赏价值，是农业生态旅游项目中一种很好的观赏蔬菜。

盆栽飞碟瓜

观赏辣椒

⊙ **起源分类** 观赏辣椒又名看椒，茄科辣椒属一年生辣椒的变种，原产于美洲，近年来在我国广泛栽培。观赏辣椒果形小巧奇特，有圆球形、朝天指形、吊钟形、桃形等，单果重2~10克。幼果因成熟度不同而呈现出白、黄、橙、红、紫等多种颜色，成熟果实多为红色。

⊙ **生长习性** 观赏辣椒植株与普通辣椒相似，但植株多为有限生长型，主茎发生几次分枝后，便以花序封顶。叶片大小、色泽与幼果的大小色泽有相关性，一般幼果紫色的品种茎秆和叶缘处呈紫色。果实形状、颜色因品种而异，果实可以食用，味极辣。性喜温暖，对光照的要求不严格，但高温强光易诱发病毒病。为日中性植物，只要温度适宜，一年四季均可开花结果。生长期间要求充足的水分和养分，但不耐浓肥和水涝。

⊙ **品种类型** 品种繁多，目前还没有统一的分类方法。可根据果形称作樱桃椒、手指椒、牛角椒、风铃椒等。

⊙ **应用价值** 多用于盆栽，同一植株上可同时着生五彩斑斓的果实，艳丽多姿，既可以美化阳台、居室，又能装点花坛、瓶饰，还可以食用，是一种非常有发展前途的观果类植物。

彩色羊角椒

彩色牛角椒

桃形五彩樱桃椒

簇生桃形辣椒

单生桃形辣椒

盆栽观赏辣椒

观赏南瓜

⊙ **起源分类** 观赏南瓜是葫芦科一年生草本植物，属于南瓜的变种，其种类繁多，果形新奇，颜色各异，具有较高的观赏价值。既能在露地、温室种植，又可盆栽，是一种观赏和食用兼具的蔬菜，近年随着我国观光农业的发展，观赏南瓜已成为农业示范园的主栽品种。

⊙ **生长习性** 喜温但不耐热。种子发芽适温为 20~30℃，生长适温为 20~30℃，开花结果期为 22~25℃，低夜温可促进雌花分化，长期低于 10℃或高于 35℃时生长发育不良。需较强的光照，高温弱光不利生长。对土质的要求不高，沙壤土、黏壤土及南方的石灰质土均可种植。适宜土质肥沃、富含有机质的中性土壤，适宜土壤 pH5.5~6.8。

⊙ **品种类型** 观赏南瓜品种很多，现在普遍栽培的有香炉、金童、玉女、鸳鸯梨、龙凤瓢、瓜皮、皇冠、金蛋、丑小鸭、金色年华、黑地雷、白皮沙田柚、花脸、子孙满堂、白玉以及单瓜重达 50 千克以上的巨型南瓜等。

⊙ **应用价值** 观赏南瓜果形各异，有扁圆、碟形、梨形、瓢形、蛋形等，果色有白、绿、橘红、橙、黄等颜色，间有条纹或斑纹，表面平滑或有疣状突起等，果肉多为黄色或深黄色。大多数品种均可食可赏，其中香炉瓜口感甜糯，品质极佳。观赏南瓜目前多用于农业园区观赏栽培，也可用于自家庭院栽培。

香炉瓜

巨型南瓜

观赏南瓜长廊

紫彩纹长茄

观赏茄子

⊙ **起源分类**　观赏茄子指形状或颜色鲜艳，具有观赏价值的一类茄子品种，均属于茄科茄属植物，是普通茄子的变种，如管理得当，在温室里可作多年生栽培。

⊙ **生长习性**　观赏茄子植株形态及生长习性均与茄子类似。属喜温植物，生育适温为22~30℃，对光照时间长短不敏感，但果实发育也要有一定的光照。对土质的要求不严，喜肥，最好是土壤含水量高、富含有机质、耕层深厚的肥沃壤土或沙壤土。

⊙ **品种类型**　目前国内栽培的观赏茄子品种有白蛋茄、五指茄、红茄、彩纹茄等。

⊙ **应用价值**　五指茄果实颜色鲜黄，呈五指握梨状；白蛋茄形如鸡蛋，嫩果纯白色，成熟果实金黄色；红茄果实圆球形，颜色鲜红；各种彩纹茄果实表皮呈现出不同颜色的彩色条纹。观赏茄子目前多作观果类蔬菜栽培，嫩果可食用，果实里富含蛋白质、糖类、维生素和膳食纤维。

观赏红圆茄幼果

白蛋茄幼果

白蛋茄成熟果

观赏红圆茄转色果

扁红圆茄

绿彩纹圆茄

观赏扁圆紫茄

白茄

五指茄

白茄树式栽培

雌花

金皮西葫芦

⊙ **起源分类**　金皮西葫芦，葫芦科南瓜属美洲南瓜种中皮色金黄的品种，由于其嫩瓜色泽浅黄，艳如香蕉，又被称为"香蕉瓜"。以嫩瓜供食，也可用于盆栽观赏。

⊙ **生长习性**　金皮西葫芦较耐低温，生长发育适温为白天 18~25℃，夜间 12~15℃，温度低于 10℃或高于 32℃对生长不利。喜强光，光照充足植株生长良好，果实发育快且品质好。苗期给以适当的短日照处理能降低雌花节位，增加雌花数。叶片肥大，蒸腾量大，整个生育期需水量较大。对土壤的适应性强，耐旱耐贫瘠，但仍以土层深厚、有机质含量高的壤土或沙壤土种植易获高产。

⊙ **品种类型**　目前种植的品种主要都是从国外引进的，优良品种有以色列的金光西葫芦，美国的金蜡烛西葫芦，日本的黄金果美洲南瓜，韩国的金黄西葫芦和我国台湾的吉美西葫芦等。

⊙ **应用价值**　营养丰富，富含人体所需要的各种矿物质、氨基酸和维生素等，可炒食、做汤或做馅，其口感细腻，肉质脆嫩，食用品质优于普通西葫芦。此外，由于其栽培容易，果实颜色亮丽，适合作家庭盆栽，可食可赏。

叶片

正在膨大的果实

盆栽金皮西葫芦

玉女

拇指黄瓜

⊙ **起源分类**　拇指黄瓜是近年来选育出来的超小型水果黄瓜新品种，葫芦科黄瓜属一年生草本植物。其果实为圆筒形，小巧玲珑，果长 4~5 厘米，平均单果重约 30 克，无瓜把，果面光滑无刺，有光泽，特别适合家庭盆栽和农业观光园区栽培，深受消费者的喜爱。

⊙ **生长习性**　拇指黄瓜生长习性与普通黄瓜类似，喜温怕寒，生育的适宜温度为 24~30℃，喜光，对水分需求量大，适宜的土壤湿度为土壤最大持水量的 80%，适宜的空气相对湿度为60%~90%，喜肥不耐肥，适宜在有机质含量高、疏松透气的壤土或沙壤土上栽培，适宜的土壤 pH 为 5.5~7.2。

⊙ **品种类型**　拇指黄瓜目前有金童和玉女两个品种。金童果皮为亮绿色，玉女果皮为白玉色。

⊙ **应用价值**　口感甜脆，特别适合作水果鲜食或凉拌。果实内含有丰富的维生素、矿物质、多种氨基酸和葫芦巴碱等生理活性物质，经常食用可提高机体的免疫力，控制糖尿病人血糖升高，并能保护肝脏，降低胆固醇，预防冠心病的发生。此外，鲜黄瓜中所含的黄瓜酶能有效地促进机体的新陈代谢，扩张皮肤毛细血管，促进血液循环，增强皮肤的氧化还原作用，有令人惊异的润肤美容效果。用新鲜的黄瓜片或黄瓜汁外擦皮肤，可以舒展、延缓面部皱纹，治疗面部黑斑，还能清洁和保护皮肤。

金童

南美香艳茄

⊙ **起源分类** 南美香艳茄，又名香艳梨、人参果等，茄科多年生草本植物，原产于南美洲安第斯山脉北麓的秘鲁，新西兰、澳大利亚、日本多有栽培。我国于 1985 年由新西兰引入，当时称为"珍稀水果"或"稀世珍果"。近年来随着特种蔬菜种植业的发展，我国南北各地都有零星栽培。

⊙ **生长习性** 香艳茄的植株形态与番茄有相似之处。其茎秆的分枝萌发力极强，扦插极易成活。对环境的适应能力强，喜温暖凉爽的气候，在15~30℃条件下生长结果良好，最适温度为 18~20℃。空气湿度高时茎上会生出短气生根，对土壤湿度的要求也较高，土壤干旱、空气干燥不利于其生长。在各类土壤上均可栽培。

⊙ **应用价值** 以果实为食用部分，果肉中富含维生素、矿物质和多种氨基酸，尤其是钙的含量特高，因此也有人称之为"钙果"。其营养成分对高血压和糖尿病患者大有助益。成熟果实可作水果生食，清香、甜美，有厚皮甜瓜和洋梨的混合香味。也能以绿熟果、红熟果作蔬菜凉拌、烧汤、炒、蒸、煮食用，还可加工成果酱、果汁、罐头等。结果期长，适合居室阳台盆栽或庭院种植，果实色彩艳丽，作为盆景栽培具有很高的观赏价值。此外，其茎叶含粗蛋白质高达 21.88%，是畜禽的良好青饲料。

盆栽香艳茄

叶片

特色花椰菜

⊙ **起源分类** 花椰菜，又称花菜、菜花，十字花科芸薹属甘蓝种中以花球为产品的一个变种，二年生草本植物。原产于地中海沿岸，19世纪中叶传入我国南方，是我国秋冬栽培的主要蔬菜之一。20世纪90年代以来，我国引进了一系列新型特色花椰菜品种，极大地丰富了花椰菜家族。

⊙ **生长习性** 半耐寒性蔬菜，喜温和湿润的气候。种子发芽的最适温度的25℃，外叶生长的适宜温度为15~25℃，花球生长的适宜温度为白天18~23℃，夜间8~12℃，地温16~20℃，温度过高生长不良。喜中等光强。苗期需水量不多，中后期需湿润的土壤条件，对土壤的适应性较广，但适宜在深厚、疏松、排灌良好的微酸性土壤上种植。

⊙ **品种类型** 特色花椰菜包括西兰花、罗马花椰菜（宝塔菜）、紫菜花、松花菜等优新品种，其中西兰花又称绿菜花、青花菜，是甘蓝种中以绿色花球为产品的一个变种，目前在我国栽培较多。罗马花椰菜又称宝塔花菜、珊瑚菜，其花球由花蕾簇生成多个小宝塔，并螺旋形成主花塔。其蕾粒细小，

花球紧密，形状奇特，色泽翠绿，极具观赏性，故又名"翡翠塔"。紫色花椰菜花球呈淡紫色或深紫色，富含花青素。松花菜又称散花菜，因其蕾枝较长，花层较薄，花球充分膨大时形态不紧实，相对于普通花菜呈松散状，故此得名。与一般的紧实型花菜品种相比，松花菜耐煮性好，食味鲜美，很受消费者欢迎。

⊙ **应用价值** 花椰菜花球美观，色彩多样，极具观赏性，同时又具有较高的营养价值。古代西方人发现，常食花椰菜有爽喉、润肺、止咳等功效，因此它在西方有"天赐的良药"和"穷人的医生"的美誉。多吃花椰菜还可以很好地补充维生素K，使血管壁的韧性加强，不容易破裂。西兰花还含有丰富的胡萝卜素和类黄酮，能保护皮肤和视力，增强免疫力。类黄酮除了可以预防感染，还是最好的血管清理剂，能够阻止胆固醇氧化，减少心脏病与中风的危险。紫菜花富含天然花青素，具有极强的抗氧化作用，可以抵御自由基对人体的损伤，预防关节炎、癌症、心脏病等多种疾病。

西兰花

紫色花椰菜（a）

紫色花椰菜（b）

罗马花椰菜（翡翠塔）

松花菜

小型番茄

⊙ **起源分类** 小型番茄，亦称微型番茄、迷你番茄等，是茄科番茄属半栽培亚种中的变种，起源于南美洲的秘鲁、玻利维亚等地。其特点是单个果穗可着果十个至数十个，果小，单果重仅 10~30 克。果色有红、黄、橙、粉红等，多作水果鲜食，同时其鲜艳可爱的果穗也极具观赏价值。

⊙ **生长习性** 小型番茄喜温暖的气候，种子发芽适温为 25~30℃，植株生育适温为白天 24~26℃，夜间 18℃左右。小型番茄喜光怕阴，栽培中必须经常保证良好的光照条件。属于半耐旱蔬菜，适宜的空气相对湿度为 45%~50%。幼苗期应适当控制浇水，结果期需要大量的水分供给。对土壤的要求不太严格，但以土层深厚、肥沃、通气性好、排灌方便的土壤上种植产量高。

⊙ **品种类型** 根据果实形状可分为樱桃番茄、梨形番茄、李形番茄和桃形番茄四种类型。

⊙ **应用价值** 小型番茄均在果实成熟时采收，可单果采收也可整穗采收。含有丰富的糖类、果酸、蛋白质、维生素和矿物质，口感酸甜多汁，冬春季节多作水果销售，也非常适合在农业园区栽培，用于观光采摘。

总状花序

复总状花序

盆栽小番茄

叶用甜菜

⊙ **起源分类**　叶用甜菜，别名莙荙菜、牛皮菜，为藜科甜菜属以嫩叶作为蔬菜食用的二年生草本植物，一般作一年生栽培。原产于欧洲南部，公元5世纪从阿拉伯传入我国。目前，我国农家以青梗种栽培较普遍。近些年来，国外的一些育种工作者从株形、色泽以及风味、品质等方面入手育出了一些新的品种，具有食用、观赏兼用的特性。

⊙ **生长习性**　性喜冷凉湿润气候，生长发育适温为 15~25℃，但耐寒及耐热力均较强。种子的最适发芽温度为18~25℃。低温长日照有促进花芽分化的作用。生长期需要充足的水分，但忌涝。适宜中性或弱碱性、质地疏松的土壤，耐肥、耐碱。

⊙ **品种类型**　根据叶柄、叶片的特征大致可分为宽叶柄、窄叶柄、白梗、红梗、黄梗、青梗、红叶、绿叶等类型。

⊙ **应用价值**　叶用甜菜富含胡萝卜素及钙素，主要食用叶片及叶柄，可以炒食也可凉拌，是一种大众化的蔬菜。同时，由于其叶色多样，也可用于观赏栽培。

种子

花序

管道栽培

盆栽甜菜

叶用莴苣

⊙ **起源分类** 叶用莴苣，菊科莴苣属一年生或二年生草本植物，因以生食为主，故又称"生菜"。原产地中海沿岸，现在我国南北各地普遍栽培。

⊙ **生长习性** 喜冷凉湿润气候，耐寒，忌炎热，在南方可露地越冬。但叶用结球莴苣的耐寒力较差，长江流域不能露地过冬。种子发芽适温为 15~20℃，30℃以上发芽受阻。15~20℃最适茎叶生长，高于 25℃易引起先期抽薹。17~18℃适宜结球莴苣生长，高于 21℃结球不良。对土壤的适应性很强，以富含有机质、疏松透气的壤土或黏质壤土为宜。需较多的氮肥和一定量的钾肥。

⊙ **品种类型** 根据叶片形状可分为皱叶莴苣、结球莴苣和直立莴苣三个变种。

⊙ **应用价值** 莴苣营养丰富，富含糖类、蛋白质、多种矿物质、维生素，同时，含有的莴苣素具有清热、消炎、镇痛催眠、降低胆固醇、辅助治疗神经衰弱等功效；含有甘露醇等有效成分，有利尿和促进血液循环的作用；含有一种干扰素诱生剂，可刺激人体正常细胞产生干扰素，从而产生一种抗病毒蛋白抑制病毒。其口感柔嫩、气味清香，最适生食，在中餐和西餐中都是深受广大消费者喜爱的绿叶菜。由于散叶生菜可以掰叶采收，采收期较长，特别适合作家庭阳台蔬菜。另外，由于其品种繁多、形态各异，极具观赏价值，已成为各地观光园区无土栽培的首选蔬菜。

立体栽培叶用莴苣

盆栽叶用莴苣

莴苣组合盆栽

幼苗

羽衣甘蓝

⊙ **起源分类** 羽衣甘蓝、别名无头甘蓝、海甘蓝，十字花科芸薹属甘蓝种中的一个变种，二年生草本植物。原产于地中海沿岸，欧洲和北美洲栽培较普遍，在我国还是一种正在推广普及的新型蔬菜。

⊙ **生长习性** 喜冷凉气候，生长发育适温为 20~25℃，极耐寒，能忍受多次短暂的霜冻而不枯萎。能在夏季35℃的高温中生长，但是在高温季节所收获的叶片风味较差，叶质较坚硬，纤维多。较耐阴，但充足的光照使得叶片生长快速且品质好。喜湿不耐涝，干旱缺水时叶片生长缓慢，对土壤的适应性很强，在碱性土壤、壤土、黏壤土甚至盐碱性土壤中均能生长，但在土壤pH6.5 的肥沃土壤中生长最为有利。

⊙ **品种类型** 根据用途可分为观赏型和食用型。观赏羽衣甘蓝又称叶牡丹，外叶绿色，有红、粉、黄、白等多种颜色，形状如莲花，外观鲜艳漂亮，常作为花卉栽培。作为食用栽培的叶片为绿色，根据植株高度又可分为矮生种、中生种和高生种。

⊙ **应用价值** 观赏羽衣甘蓝作观赏植物栽培，由于其耐寒性强，多应用于秋冬季节。食用羽衣甘蓝的嫩叶中含有丰富的维生素，其中维生素C的含量非常高，每100克嫩叶中的含量为153.6~200 毫克，是目前已知叶菜中含量最高的；微量元素硒的含量为甘蓝类蔬菜之首，具有"抗癌蔬菜"的美称。嫩叶可炒食或凉拌，烹调后能保持鲜美的绿色，若配上别种颜色的蔬菜，则能拼成各种图案的沙拉。食用羽衣甘蓝的叶形优美，如裙裾般褶皱，在很多农业园区用其作为观赏蔬菜栽培。

食用羽衣甘蓝（a）

观赏羽衣甘蓝（a）

观赏羽衣甘蓝（b）

食用羽衣甘蓝（b）

观赏羽衣甘蓝（c）

抽薹开花

紫苤蓝

⊙ **起源分类**　紫苤蓝是外皮紫色的球茎甘蓝，又称水果苤蓝、紫芥蓝头，为十字花科芸薹属甘蓝种二年生草本植物，以膨大的肉质球茎为食。原产于地中海沿岸，由叶用甘蓝变异而来，在德国的栽培较为普遍。我国 20 世纪 90 年代末从欧洲引进，作为珍稀蔬菜栽培。

⊙ **生长习性**　紫苤蓝喜冷凉湿润的气候条件，种子发芽的适宜温度为 20~25℃，茎叶生长的适宜温度为 18~25℃，球茎生长的适宜温度为白天 18~22℃。喜中等光强，光照充足植株生长健壮，产量高、品质好，但光照条件太强会使球茎纤维增多而降低品质。喜湿润的土壤和空气条件，最适宜在疏松、肥沃、通气性良好的壤土中种植。

⊙ **应用价值**　紫苤蓝以膨大的肉质球茎和嫩叶为食用部位，球茎脆嫩清香爽口、营养丰富，嫩叶中的营养也很丰富，特别是含钙量很高，经常食用能增强人体的免疫能力，对脾虚、火盛和腹痛等症有一定的辅助疗效，并具有消食积、去痰的保健功能。因此非常受消费者的欢迎。生食有水果清香，还可以沾酱生吃、凉拌、做沙拉、爆炒和做汤，最适宜鲜食和凉拌。

盆栽紫苤蓝

开花

观赏紫色小白菜

紫色小白菜

⊙ **起源分类** 小白菜,学名普通白菜,南方俗称青菜,北方俗称油菜,为十字花科芸薹属一二年生草本植物,原产于我国,在我国的栽培十分广泛。近年来新育成的紫色小白菜,外形与普通小白菜相似,但其叶面呈亮紫色,叶背面和叶柄呈浅绿色,色彩鲜艳,十分适宜作观赏栽培。

⊙ **生长习性** 小白菜性喜冷凉,发芽的最适温度为 20~25℃,生长适温为18~20℃;对光照度的要求不严格,但光照不足叶色会变浅;喜水喜肥,对土壤的适应性较强,但以富含有机质、保水保肥力强的壤土及沙壤土最为适宜,对土壤酸碱度的要求不高,在微酸性至中性土壤中都能良好地生长。

⊙ **应用价值** 与其他蔬菜相比较,小白菜钙的含量较高,几乎是大白菜含量的2~3倍,其胡萝卜素比豆类、番茄、瓜类都多,并且还有丰富的维生素C。特别是紫色小白菜,含有大量的花青素,长期食用有助于润泽皮肤、延缓衰老、增强人体免疫力。

盆栽

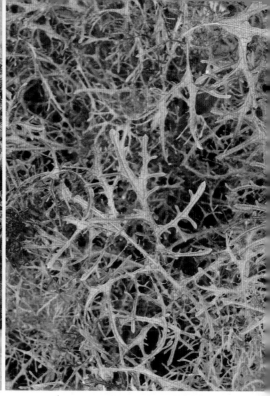

紫衣芥菜

⊙ **起源分类** 紫衣芥菜是叶用芥菜新品种，为十字花科芸薹属一二年生草本植物。其叶柄绿色，叶片紫红色，羽状深裂，叶片厚实有韧性。高温强光下，叶片呈深紫色；弱光下，叶片为深绿色。叶形奇特，色彩鲜艳，适合作盆栽观赏。

⊙ **生长习性** 紫衣芥菜喜冷凉湿润的气候条件，不耐霜冻也不耐高温干旱，生长的适宜温度为 15~20℃。喜水喜肥，适宜在各类土壤上种植。

⊙ **应用价值** 紫衣芥菜与普通叶用芥菜相似，以嫩叶供食，可清炒、做汤或腌制，有芥菜特有的辛辣味。其叶片中含有较多的膳食纤维、胡萝卜素和维生素C，具有提神醒脑、消肿解毒、开胃消食等保健作用。另外，其叶片中花青素含量超高，长期食用有助于改善睡眠、增进视力、润泽皮肤。

BAOJIANSHUCAI

四、保健蔬菜

蔬菜中除含有维生素、矿物质和膳食纤维外，还含有具有药理作用的氨基酸、类胰岛素、类黄酮等成分，长期食用具有食疗保健作用的一类蔬菜，如苦瓜、山药、芦笋等。

菜芙蓉花

菜芙蓉

⊙ **起源分类**　菜芙蓉又名金花葵，锦葵科秋葵属一年生草本植物，2003 年我国科学家在太行山考察时偶然发现，是濒临灭绝的珍稀植物。其花和嫩果均可食用，具有一定的保健作用。

⊙ **生长习性**　菜芙蓉株高 2 米左右，具粗壮的肉质根，茎基部木质化，每株开花数十朵，花大如碗，色彩艳丽。喜温暖及阳光充足的环境，耐旱怕涝，对土壤要求不严，但以排水良好的沙壤土为佳。

⊙ **应用价值**　菜芙蓉鲜花芳香扑鼻，味美可口，可直接入口鲜食，也可凉拌、热炒、做汤或掺面食食用，或以花泡水代茶。鲜花中含有生物黄酮、全价蛋白质、高聚糖胶、维生素 E 等营养物质，具有调节人体内分泌、延缓衰老、提高人体免疫力、改善心脑血管及微循环功能等功效。其嫩果可凉拌、煎炒、做汤、做馅等，种子加工成油脂可入药，对治疗烫伤和烧伤有显著的效果。

嫩果

枸杞头

⊙ **起源分类**　枸杞是茄科的落叶小灌木，原产于我国。菜用枸杞是采摘大叶枸杞的幼梢、嫩茎叶供食，故被称为枸杞头或枸杞菜。枸杞芽不仅可以食用，还可以制成茶，称为枸杞芽茶。我国自古以来就有食用枸杞芽的习惯，明朝徐光启的《农政全书》就有记载。

⊙ **生长习性**　枸杞适应性强，一般年平均气温在 5~20℃之间的地区都可栽培。茎叶生长的适宜温度为 15~25℃，开花的适宜温度为 16~23℃，结果期的适宜温度为 20~25℃。喜光，较耐阴，光照不足易导致植株发育不良。喜湿、怕涝，耐干旱。对土壤没有严格的要求，适宜疏松、排灌良好的沙壤土。由于

其扦插繁殖极易成活，故生产中多采取扦插繁殖。

⊙ **品种类型**　枸杞包括果用枸杞和菜用枸杞两种类型。菜用枸杞又分大叶种和细叶种。

⊙ **应用价值**　枸杞一直是中医药较推崇的一味滋补药材，其叶、茎、花、籽、根、皮均有医疗保健作用。枸杞头含有多种维生素和氨基酸，是强身壮体、延年益寿、美容养颜的佳品。《食疗本草》中记载它有坚筋耐老、除风、补益筋骨和去虚劳等作用。可凉拌、热炒、煲汤，味道鲜美，营养丰富，经常食用有与枸杞子类似的保健功能，是极好的保健食品。

菜用枸杞的嫩梢

果实

设施栽培

黄秋葵

⊙ **起源分类** 黄秋葵，又名秋葵、羊角豆，是锦葵科秋葵属的一年生或多年生草本植物，原产于非洲。目前在非洲的许多国家及美国、日本等栽培较多。我国引入的历史较短，只作为珍稀蔬菜小面积栽培。

⊙ **生长习性** 黄秋葵为喜温、喜光作物，高温条件下生长旺盛，不耐低温，10℃以下植株生长停止。遇霜则冻死。种子发芽需较高的温度，发芽适温为28~30℃。对土壤的适应性强，耐旱力较强，但在水肥充足的条件下植株生长旺盛，产量高。

⊙ **品种类型** 黄秋葵按茎秆和果实的颜色可分为黄秋葵和红秋葵；黄秋葵按果实外形可分为圆果种和棱角种；依果实长度又可分为长果种和短果种；依株形又分矮株种和高株种。

⊙ **应用价值** 黄秋葵以嫩果供食，营养丰富，其中含有一种特有的黏液状物质（果胶、半乳聚糖、阿拉伯树胶等的混合物），能帮助消化，且具有保护肠胃、肝脏和皮肤、黏膜的作用，对胃炎、胃溃疡有一定的疗效，在国外作为运动员的首选蔬菜，也是老年人的保健食品。嫩果中无机盐、维生素 B_1、维生素 C 的含量均高于菜豆。它的嫩果适用于多种烹饪，在西餐中是做辣酱油、菜汁的良好原料，也可凉拌、炒食、烧烤、煲汤或炖食。种子含有较高的油分，经提炼的精制油可供食用和工业用，成熟种子经烘烤可作为咖啡的代用品。花朵具有较高的观赏价值，可做切花用。

黄秋葵

红秋葵果实

红秋葵花

菊芋

⊙ **起源分类** 菊芋，俗名洋姜、鬼子姜、地环、姜不辣，菊科向日葵属多年生草本植物。原产于北美，经欧洲传入中国，现在中国大部分地区均有种植。其地下块茎可食用，地上部茎叶可饲用，因此被称为"21世纪人畜共用作物"。

⊙ **生长习性** 菊芋是一种生命力极强的植物，其生长适温为18~22℃，茎叶能忍受短期 -4~-5℃ 的低温，块茎在 -30℃ 的冻土层中可安全越冬。耐瘠薄，对土壤的要求不严，各类土壤上均能生长。繁殖能力极强，地下块茎不断分蘖发芽，年增殖速度可达20倍；种子落地扎根，四处繁衍。植株生长期间一般不须施肥、打药，是一种无农药污染的蔬菜。植株一旦连片生长，人、畜都很难破坏其繁衍发展。

⊙ **应用价值** 菊芋块茎质地白细脆嫩，富含菊糖、绿原酸等生理活性物质，是一种药食兼用的保健蔬菜。其块茎可生食、炒食、煮食或切片油炸，若腌制成酱菜或制成洋姜脯，更具独特风味。中医认为，其块茎性味甘凉，可清热凉血解毒，利湿消肿，对于肠热泻血、跌打损伤有辅助治疗作用。现代医学研究表明，食用它既能降低糖尿病患者的血糖，又可升高低血糖病人的血糖，对血糖具有双向调节作用。此外，其茎叶可作青贮饲料，营养价值高于向日葵。块茎亦可用于制取菊糖、乙醇、生物油脂等工业原料。由于其强大的适应能力和繁殖能力，也可用于防沙治沙，保护生态环境。

苦瓜

⊙ **起源分类**　苦瓜，别名癞瓜、凉瓜、锦荔枝，葫芦科一年生蔓性草本植物。原产于东印度热带地区，我国自明代初年开始种植，是南方园圃中的常见蔬菜。现南北各地都有栽培，但以广东、福建、台湾、湖南、四川较为普遍。

⊙ **生长习性**　苦瓜茎蔓分枝能力极强，主蔓上易发生侧蔓，侧蔓又发生孙蔓，孙蔓上再发生孙孙蔓，形成枝繁叶茂的强大植株，适合作棚架栽培。耐热不耐寒。种子发芽适温为 30~35℃，植株生长适温为 20~30℃，但能忍受39℃的高温。喜光不耐荫，充足的光照有利于光合作用和提高坐果率。喜湿但不耐涝，空气湿度和土壤湿度均为 85% 时对生长有利，土壤积水易烂根。苦瓜对土壤的适应性强，但以保水保肥性好的肥沃壤土或沙壤土为宜。

⊙ **品种类型**　根据瓜皮的颜色，可分为绿苦瓜和白苦瓜两种类型。绿苦瓜苦味较重，白苦瓜苦味稍淡。根据果形的大小，可分为大型苦瓜和小型苦瓜。大型苦瓜以食用为主，小型苦瓜以观赏为主，又称"看瓜"。

⊙ **应用价值**　苦瓜以嫩果供食，营养价值颇高。其维生素 C 的含量是瓜类蔬菜中最高的，还含有苦瓜苷、腺嘌呤等多种氨基酸。苦瓜果实脆嫩、味苦清凉，可凉拌、炒食或煲汤，还可榨汁做清凉饮料，或加工成苦瓜干、苦瓜泡菜。它不仅营养丰富，而且还具有很高的药用价值。苦瓜嫩果中含有配糖体，味苦性寒，能刺激唾液及胃液分泌，可促进食欲，帮助消化。

此外，苦瓜还具有明目清心、消暑解毒、补肾治痢、提高免疫力的功效。最令人瞩目的是它含有类胰岛素物质，能够降低血糖，为糖尿病人最理想的食疗蔬菜。苦瓜除食用嫩瓜外，成熟后的瓜瓤味甜、色美，可作水果食用。印度和东南亚有食用嫩梢和叶的习惯，印度尼西亚和菲律宾则取花食用。还可作为庭园、篱笆、墙壁和阳台的绿化植物，夏季开黄色小花，果实成熟后为橘红色，开裂后，种子外面有红色瓜瓤，非常美丽。

幼苗

苦瓜花

果实成熟后果皮变橙色

芦笋

⊙ **起源分类**　芦笋，别名石刁柏、龙须菜，百合科天门冬属多年生草本蔬菜。原产地中海东岸及小亚细亚，已有 2000 年以上的栽培历史，17 世纪传入美洲，18 世纪传入日本，19 世纪末传入中国。是世界十大名菜之一，在国际市场上享有"蔬菜之王"的美称，目前中国是芦笋的最大生产国，美国是芦笋的最大进口国，其次是欧盟和日本。

⊙ **生长习性**　芦笋为多年生宿根蔬菜，一经种植，可连续采收 15 年左右。芦笋既耐热又耐寒，种子萌发适温为 25~30℃。春季地温回升到 5℃以上时，鳞芽开始萌动，15~17℃最适于嫩芽形成。冬季寒冷地区地上部枯萎，根状茎和肉质根进入休眠期。芦笋喜光，光照充足，嫩茎产量高，品质好。耐旱不耐涝，喜土层深厚、有机质含量高、质地松软的壤土及沙壤土。最适宜的土壤 pH5.8~6.7。耐盐碱能力较强，土壤含盐量不超过 0.2% 能正常生长。忌酸性和碱性土壤。

⊙ **品种类型**　根据其栽培方式和用途可分两类：经培土软化栽培而成的白色茎，叫白芦笋；而接受阳光照射变成绿色的嫩茎，叫绿芦笋。白芦笋一般用于罐藏加工，绿芦笋多用于鲜食和速冻。

⊙ **应用价值**　以嫩茎为食，是国际公认的"抗癌蔬菜"，其产品中除含有大量的维生素和矿物质外，还含有较多的天冬酰胺、天冬氨酸及其他多种甾体皂苷物质和微量元素，具有调节机体代谢、提高身体免疫力的功效，能抑制癌细胞的增长，对多种疾病均有特殊的疗效。

幼苗

根系

早春萌发的芦笋嫩茎

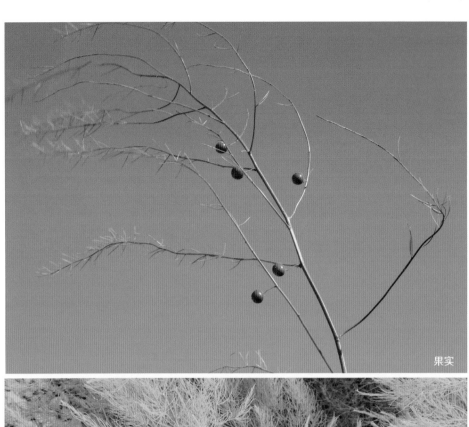

果实

种子

芦笋产品

种子

牛蒡

⊙ **起源分类** 牛蒡，别称蝙蝠刺、东洋参、牛鞭菜等，菊科二年生草本植物，原产于中国长白山，公元 920 年左右传入日本，在日本培育出多个品种，20 世纪 80 年代末，菜用牛蒡引入中国，作为出口蔬菜少量种植。

⊙ **生长习性** 牛蒡喜温耐寒又耐热，种子发芽温度为 15~30℃，生长最适温为 20~25℃，根部可耐 -20℃的低温。植株生长要求较强的光照，光照可促进种子发芽，日照不足，影响肉质根的膨大。肉质根膨大期要求土壤

水分适宜。土层肥厚、排水良好的中性壤土和沙壤土利于牛蒡肉质根膨大，增施钾、钙可显著增加肉质根的产量。牛蒡应避免与菊科或根菜类作物连作。

⊙ **品种类型** 我国栽培的牛蒡多从日本引进，国内尚无育成品种。按生育期可分为早熟、中熟、晚熟三种类型。早熟品种生长期 90 天左右，植株较矮，叶片较小，又名小牛蒡；中熟品种生长期 150 天左右，植株大小介于早熟、晚熟品种之间，又叫中牛蒡；晚熟品种生长期 180 天左右，植株生长高大，

牛蒡的肉质根

叶片大，生长势强，又叫大牛蒡。

⊙ **应用价值**　牛蒡以肉质根供食，可用于炒食、煲汤或泡茶。其肉质根含有大量人体必需的氨基酸，尤其是具有特殊药理作用的氨基酸含量高，如具有健脑作用的天冬氨酸占总氨基酸的25%~28%，精氨酸占18%~20%；其含有的多酚类物质具有抗癌、抗突变的作用，因而具有很高的营养价值和较广泛的药理活性。经常食用有促进血液循环、清除肠胃垃圾、防止人体衰老、润泽肌肤、防止中风和高血压、清肠排毒、降低胆固醇和血糖的作用，并适合糖尿病患者长期食用，故日本人将其称为"长寿菜"。

山药

⊙ **起源分类**　山药,别名薯蓣、山薯、大薯等,薯蓣科薯蓣属多年生藤本植物。原产于亚洲,我国自古栽培,南北各地均有分布。以地下块茎为食,既是营养丰富的粮菜兼用作物,又是滋补功能较强的中药材。

⊙ **生长习性**　山药地上部植株攀缘生长,生产中需搭架栽培。为保证地下块茎的正常生长,还需挖深沟松土施肥。山药多以茎段繁殖,其叶腋间发生侧枝或形成气生块茎,称"山药豆"或"零余子",也可作繁殖材料。山药茎叶喜温畏霜,生长最适温度为25~28℃,块茎膨大适温为20~24℃。块茎能耐 -15℃的低温。土壤温度达15℃时开始发芽,发芽的适宜温度为25℃。山药耐荫,但茎叶生长和块茎膨大期仍需要较强的光照。耐旱不耐涝,应选择地势高燥、排水良好的土地栽培。块茎生长盛期不可缺水。对土壤的适应性强,以沙壤土最好,块茎皮光形正。喜有机肥,但要避免块茎与肥料直接接触,否则影响块茎的正常生长。

⊙ **品种类型**　我国栽培的山药有两个种,即田薯和普通山药。根据块茎形状可分为扁块种、圆筒种和长柱种。

⊙ **应用价值**　山药的块茎可蒸可煮,可炒食或煲汤,是一种难得的食疗蔬菜。据现代科学分析,它不但含有丰富的淀粉、蛋白质、无机盐和多种维生素等营养物质,还含有大量的纤维素以及胆碱、黏液质、酶类等成分。其中淀粉酶、多酚氧化酶等物质有利于脾胃消化吸收的功能,可平胃健脾;皂苷、黏液质有润滑滋润的作用,可

叶片

山药的气生鳞茎—零余子

益肺气养肺，治疗咳嗽；黏液蛋白有降低血糖的作用，可用于治疗糖尿病；纤维素、维生素及微量元素能预防心血管系统的脂肪沉积，保持血管的弹性，防止动脉粥样硬化的过早发生，减少皮下脂肪沉积，避免出现肥胖。

食用百合

⊙ **起源分类**　食用百合是百合科百合属多年生草本植物，原产于北半球温带，我国是世界百合分布的中心。古书中记有"百合小者如蒜，大者如碗，数十片相累，状如白莲花，古名百合，谓百片合成也"，另一说法是因其能治伤寒后的"百合病"，故称其"百合"。由于其"根大如蒜，其味如山薯"，又名蒜脑薯。

⊙ **生长习性**　百合耐寒性强，耐热性差，喜冷凉的气候和充足的光照。生长适温为白天 20~25 ℃，夜间 10~15 ℃。5 ℃以下或 28 ℃以上生长受到影响。不耐涝，土壤水分过量易造成鳞茎腐烂，对空气温度不敏感。适宜在肥沃的沙质壤土上生长，对养分的需求量大，但对氯化物敏感。以营养繁殖为主，可用小鳞茎、鳞片或叶腋处生出的珠芽繁殖。

⊙ **品种类型**　目前栽培面积较大的食用百合主要有宜兴百合、龙牙百合、兰州百合和川百合 4 种。

⊙ **应用价值**　花朵艳丽可供观赏，其鳞茎还具有食用和药用价值。我国自古以来就有食用百合的习惯，其鳞茎肉质洁白细腻，营养价值极高，鳞茎

幼苗

百合叶腋间生出的珠芽

百合鳞茎

中的蛋白质和糖类的含量均高于普通蔬菜，是公认的滋补佳品和传统的中药材。其味甘微苦，性平，有润肺止咳、养阴清热、清心安神之功效，可用于治疗肺热、肺燥咳嗽、劳嗽咯血、低热虚烦、惊悸失眠等症。其中含有抗癌物质——硒和秋水仙碱，经常食用，对于增强体质、抑制癌细胞生长、缓解放疗反应具有一定的效果。

四棱豆

⊙ **起源分类** 四棱豆，别名翼豆、四
稔豆、杨桃豆、四角豆、热带大豆等，
为豆科四棱豆属一年生或多年生草本
植物。原产于热带地区，主要分布于
东南亚及西非，在我国南方已有100
多年的栽培历史，广东、台湾、广西、
云南和四川等省区均有种植。

⊙ **生长习性** 四棱豆喜温暖多湿的气
候条件，不耐霜冻，生育适温一般为
20~25℃。种子发芽适温为25℃，播
种后10天左右即可出苗。属短日照植

物，对日照长短反应敏感，在长日照
条件下，易引起茎叶徒长而不能开花
结荚。对土壤的要求不严格，耐贫瘠，
怕旱怕涝，但以深厚肥沃的沙壤土种
植易获得嫩荚的优质高产。

⊙ **品种类型** 四棱豆在我国栽培较少，
主要包括印尼品系和巴布亚新几内亚
品系。中国栽培种多属印尼品系。

⊙ **应用价值** 四棱豆的嫩豆荚、块根、
种子、嫩梢等均可供食。嫩荚可炒食、
盐渍和制酱菜，有特殊的风味。块根

种子

幼苗

叶片

果实

可炒食和制淀粉。干豆粒可榨油或烘烤食用，做成嫩豆芽炒食也别具风味。在医学上可作为提炼天然氨基酸的原料。营养丰富，每 100 克嫩荚含维生素 C20 毫克、纤维素 1.3 克和丰富的矿物质，17 种氨基酸的含量均高于菜豆。每 100 克块根含糖类 27~31 克，粗蛋白 11~15 克（为马铃薯的 4 倍），是目前世界上含蛋白质最高的块根作物，成为高蛋白粮食的新资源。每 100 克干豆粒含蛋白质高达 26~45 克，脂肪 13~20 克，糖类 31.2~36.5 克，维生素 C100 毫克，还含有各种氨基酸，其营养价值可与大豆媲美。故其综合利用日益受到世界各国的重视。

腋生小块茎（珠芽）

藤三七

⊙ **起源分类**　藤三七，又称落葵薯、川七、土三七、藤七、洋落葵等，为落葵科落葵薯属的多年生蔓性植物。原产于巴西，在中国很多地区均有种植，尤其是在南方地区种植较多。主要分布在我国的云南、四川及台湾等省。原多为野生，作为一种药用植物或野生蔬菜，在台湾和广东等省已有大面积栽培，商品嫩梢称为金丝菜，叶称三七叶。

⊙ **生长习性**　茎具缠绕性，长可达数米。叶片心脏形，肉质肥厚，腋生小块茎（珠芽）。喜温暖的气候，生长适温为17~25℃，其耐寒能力较强，能忍耐0℃以上的低温，但遇霜冻会受害，在 −2℃以下的气温下，地上部分会冻死，但翌年地下部块茎或珠芽可萌发出新株。在35℃以上的高温下，病害严重，生长不良。藤三七对光照的要求较弱，耐阴，在遮光率为45%左右的遮阴篷中生长良好，性喜湿润，对土壤的适应性较强，根系分布较浅，好气性较强，以选择通气性良好的沙壤土栽培为宜。

⊙ **应用价值**　藤三七一次种植，多年收获，通常以采收嫩梢或成长叶片为产品。营养丰富，富含胡萝卜素和维生素C，特别是铁和硒的含量较高，具有滋补强壮、散淤止痛、除风祛湿、降血脂、降血压、补血活血、抗癌防老等特别功效。可制作多种菜肴，炒食、凉拌、煲汤等。珠芽和块茎可炖肉、炖鸡，作滋补保健食物。除土壤栽培外，可作水培、盆栽、绿篱栽培，是值得广为开发的保健蔬菜。

叶片

开花

地下块茎

缠绕茎

西洋菜

⊙ **起源分类**　西洋菜别名豆瓣菜、水田芥等，属十字花科一二年生水生植物，原产于欧洲和南亚热带地区，19世纪引入我国，在广东省普遍栽培。

⊙ **生长习性**　豆瓣菜喜冷凉湿润的环境，耐寒不耐热。生长发育适温为15~25℃，15℃以下生长缓慢，30℃以上植株生长迅速，但植株纤弱，不定根多，叶片易黄化，品质差。耐寒力较强，能忍耐短时间的霜冻，生长期间要求浅水和空气湿润，生长盛期保持5~7厘米的水层即可。喜光，每天需光照7~8小时。对土壤的适应性较广，以沙壤土最宜，要求耕作层10~12厘米以上，适应中性或微碱性土壤，不宜连作。

⊙ **品种类型**　中国栽培的西洋菜分为开花的和不开花的两个类型。两者的形态特征无明显的差异，多以营养繁殖为主。

⊙ **应用价值**　西洋菜的采收有两种方法：一种是逐株采收嫩梢；另一种是隔畦成片齐泥收割，收一留一，收后除去残根老叶，理齐捆好后上市。以嫩茎叶供食，含丰富的维生素、纤维素和矿物质。其味甘苦，性寒，入肺、膀胱经，能清燥润肺，止咳化痰，利尿，用于治疗肺结核、肺热、痰多咳嗽、皮肤瘙痒等多种疾病。食用方法很多，可素炒、荤炒、做沙拉、火锅配菜，清香爽滑，深受人们的喜爱。

隔畦收割的西洋菜

苋菜

⊙ **起源分类**　苋菜，别名米苋、雁来红、三色苋，为苋科苋属中以嫩叶为食的一年生草本植物。原产于我国、印度及东南亚等地，中国自古就作为野菜食用。现在作为蔬菜栽培以中国与印度居多。

⊙ **生长习性**　苋菜喜温，较耐热，生长的适宜温度为23~27℃，气温低于20℃植株生长缓慢。喜土壤湿润，不耐涝，对空气湿度的要求不严。春季栽培苋菜，品质柔嫩，产量高，而在高温短日照条件下极易开花。具有一定的抗旱能力，不耐涝。对于土壤的要求不严格，但以偏碱性土壤生长较好。

⊙ **品种类型**　依叶片颜色的不同，苋菜可分为绿苋、红苋和彩苋三个类型。绿苋的叶和叶柄为绿色或黄色，食用时口感较红苋和彩苋硬，耐热性较强，适于春季和秋季栽培；红苋叶片紫红色，耐热性中等，质地较软，适于春季和秋季栽培；彩苋叶边缘绿色，叶脉附近紫红色，质地较绿苋为软糯，早熟，耐寒性较强，适于春季栽培。

⊙ **应用价值**　苋菜以嫩茎叶供食，可炒食、做馅、煲汤。苋菜富含易被人体吸收的钙质，对牙齿和骨骼的生长可起到促进作用，并能维持正常的心肌活动，防止肌肉痉挛。同时含有丰富的铁和维生素 K，可以促进凝血。苋菜富含膳食纤维，也可以清身减肥，促进排毒，防止便秘。

野生苋菜

苋菜开花结实状

香椿

⊙ **起源分类** 香椿，别名红椿、椿甜树、香椿头、香椿芽等，原产我国中部，楝科楝属多年生落叶乔木。以嫩芽为食用部分，可鲜食，也可腌制、罐藏、干制、糖渍等，是我国传统的木本蔬菜。中心产区为黄河与长江流域之间，以山东、河南、安徽、河北等省为集中产区。

⊙ **生长习性** 香椿为高大落叶乔木，菜用香椿因每年采摘新梢而呈灌木状。近年来，为保障椿芽供应，人们开发了香椿矮化促成栽培和籽芽香椿

等生产方式，使香椿芽可四季供应。香椿喜温暖湿润的气候，在年平均气温 8~20℃ 的地区均可正常生长。种子发芽的适宜温度为 20~25℃，茎叶生长的适宜温度为 25~30℃，香椿芽生长的适宜温度为 16~28℃。适宜的昼夜温差对着色有利，一般以日温 25~28℃，夜温 12~15℃ 的条件下着色最好。抗寒力随树龄的增加而提高。香椿喜光，光照足，椿芽色泽艳，香气浓，品质佳。喜湿怕涝，适于生长在深厚、肥沃、湿润的沙质土壤中，

果实

种子

树苗

适宜的土壤 pH 为 5.5~8.0。

⊙ **品种类型**　根据芽苞和幼叶的颜色可分为紫香椿和绿香椿。在生产中一般选用香味浓郁、纤维少、品质佳的紫香椿。绿香椿树皮绿褐色，香味淡，品质稍差。

⊙ **应用价值**　以嫩芽或芽苗为食，食法多样，可盐渍、凉拌、热炒、油炸或切碎做卤，是我国人民喜食的传统蔬菜之一。营养价值较高，除了含有蛋白质、脂肪、糖类外，还有丰富的维生素、胡萝卜素、铁、磷、钙等多种营养成分。中医学认为，其味苦、性平、无毒，有开胃爽神、祛风除湿、止血利气、消火解毒的功效，故民间有"常食香椿芽不染病"的说法。现代医学及临床经验也表明，它能保肝、利肺、健脾、补血、舒筋。

养心菜

⊙ **起源分类** 养心菜，又称费菜、救心菜、景天三七、土三七，为景天科多年生草本植物，原产于东亚，中国东北、华北、华东各地区有分布。其肉质的嫩茎叶可作蔬菜食用，具有极好的保健作用，加之栽培容易，尤其适合家庭盆栽，近几年受到广大消费者的追捧。

⊙ **生长习性** 养心菜耐阴，喜凉爽气候，较耐严寒，5℃即可生长，生长最适温度为15~25℃。喜中等光强，耐旱不耐涝，对土壤的要求不高，适应性较广，但以富含有机质为好。

⊙ **应用价值** 养心菜既可观赏栽培，也可药食兼用，是一种值得推广的保健蔬菜。以嫩茎叶供食，口感爽滑，无异味。采下洗净可直接凉拌或素炒、配肉、蛋、食用菌炒、火锅、炖菜、清蒸、烧汤，风味独特。养心菜富含蛋白质、膳食纤维、多种维生素及钙、磷、铁等矿物质，具有养心、平肝、降血压、降血脂、防止或延缓血管硬化等功效，长期食用对心脏病、高血压、高脂血症、肝炎等有较好的疗效。

开花

盆栽养心菜

养心菜柱式栽培

鱼腥草

⊙ **起源分类** 鱼腥草别名蕺菜、臭草、蕺儿根、侧耳根等，为三白草科蕺菜属的多年生草本植物，因其茎叶搓碎后有鱼腥味，故名鱼腥草。广泛分布在我国南方各省区，西北、华北部分地区及西藏也有分布，是一种菜药兼用植物。

⊙ **生长习性** 多用扦插繁殖，适应性广。3月下旬当气温稳定通过12℃以上时即可出苗，生长的适宜温度为15~20℃，地下茎成熟要求20~25℃。鱼腥草较耐寒，气温低至-15℃仍能越冬。江南各地及浙江、江苏、四川和贵州等地都能生长，喜阴湿，怕干旱，对土质的要求不严，但以中性或微酸性的沙土和沙质壤土为最好，适宜的土壤pH为6.5~7.0。在肥沃田块，其根茎长得肥大、鲜嫩。耐阴喜湿，要求土壤相对湿度在80%左右，空气相对湿度在50%~80%，才能正常生长。

⊙ **品种类型** 鱼腥草有白茎和红茎两种，红茎鱼腥草香味更浓。

盆栽鱼腥草

幼苗

地下根茎

⊙ **应用价值**　鱼腥草既可入药又可做菜。其嫩茎叶和地下茎辛香味极浓，可生食凉拌，也可炖食、炒食或涮火锅。鱼腥草具有清热解毒、消痈排脓、利尿通淋的作用，在我国传统医学中具有较为广泛的用途。现代实验证实，它含有丰富的黄酮成分，能保持血管柔软，可防治因动脉硬化引起的高血压、冠心病等。最重要的是它还含有一种黄色油状物，对各种微生物，尤其是酵母菌和霉菌均有抑制作用，所以临床广泛用于治疗肺炎、咯血、上呼吸道感染、慢性支气管炎、感冒发烧、肺癌、宫颈糜烂、肾病综合征、鼻炎、化脓性中耳炎和流行性腮腺炎等。

芋头

⊙ **起源分类** 芋头，别名芋、芋艿、毛芋等，原产于亚洲南部的热带沼泽地区，天南星科芋属多年生单子叶草本湿生植物，在我国常作一年生栽培。以地下球茎为食用器官，富含糖类，产品较耐贮运，供应时间长。我国以珠江流域及台湾省种植最多，长江流域次之，其他省市也有种植。

⊙ **生长习性** 芋头性喜高温湿润，多采用无性繁殖。种芋发芽适温为20℃，生长发育适温为25~30℃，球茎发育则以27~30℃为宜，气温降至10℃时基本停止生长。喜湿不耐旱，较耐阴，并具有水生植物的特性，水田或旱地均可栽培，生长期不可缺水。较短的日照有利于球茎的形成。土壤疏松透气性好，能促进根部发育和球茎的形成与膨大。当通气性不良时，因氧气不足而影响根部的正常呼吸。

⊙ **品种类型** 根据栽培所需环境条件可分水芋和旱芋两类。而按母芋、子芋的发达程度及子芋的着生习性分为魁芋、多子芋和多头芋三种类型。魁芋植株高大，母芋大，重达1.5~2千克，子芋小而少。多子芋子芋大而多，无柄，易分离，产量和品质超过母芋。多头芋球茎丛生，母芋、子芋、孙芋无明显区别，相互密接重叠，一般为旱芋。

⊙ **应用价值**　芋头以球茎供食，或蒸或煮，口感柔滑甘甜，是菜粮兼用作物。其球茎中淀粉含量高达19.5%（占干重的59.45%）、粗蛋白质2.63%、粗纤维1.87%，还含有多种维生素和矿物质。所含的矿物质中，氟的含量较高，具有洁齿防龋、保护牙齿的作用；此外还含有一种黏液蛋白，被人体吸收后能产生免疫球蛋白，可提高机体的抵抗力，是一种清热解毒、健脾、强身的保健蔬菜。其黏液中含有皂苷，能刺激皮肤发痒，因此，生剥芋头皮时倒点醋在手中，搓一搓再削皮，可防止皮肤过敏。如果不小心接触皮肤发痒时，可涂抹姜汁或浸泡醋水止痒。

萌芽的种芋

芋头的球茎和根

绿背天葵

紫背天葵

⊙ **起源分类**　紫背天葵，别名紫背菜、血皮菜、观音菜、两色三七草等，为菊科三七草属多年生草本植物。原产于我国南部，在四川、广东、广西、福建、云南、浙江、台湾等地均有分布。近年来在华北、东北地区作为特种蔬菜引入栽培，已逐渐为北方人民所接受和喜爱。

⊙ **生长习性**　紫背天葵喜温耐热，生长适温为 20~25℃，在夏季高温条件下生长良好，但不耐低温，只能忍受 3~5℃的低温，遇霜则冻死。喜光，但也较耐阴。对土壤的适应性强，耐旱耐瘠薄，各类土壤均可种植，但以肥沃的沙壤土上种植能获高产。

⊙ **品种类型**　紫背天葵有红叶种和紫茎绿叶种（又称绿背天葵）两种类型。红叶种叶背和茎均为紫红色，新芽叶片也为紫红色，随着茎的成熟，逐渐变为绿色，耐低温，适于冬季较冷地区栽培；紫茎绿叶种，茎基淡紫色，节短，分枝性能差，叶小椭圆形，先端渐尖，叶色浓绿，有短绒毛，黏液较少，质地差，但耐热耐湿性强。

⊙ **应用价值**　紫背天葵以其嫩茎叶供食，营养丰富。紫背天葵中含有黄酮苷成分，可提高动物抗寄生虫和抗病毒病的能力，并对恶性生长细胞具中度抗效。长期食用可治疗咯血、血崩、血气亏、痛经、盆腔炎、支气管炎、阿米巴痢疾及缺铁性贫血等病。可凉拌、炒食、做汤、涮火锅，柔嫩滑爽，风味独特，是一种值得推广的保健蔬菜。

紫背天葵

紫背天葵开花

YESHENG
SHUCAI

五、野生蔬菜

野生蔬菜是指至今仍自然生长在山野荒坡、林缘灌丛、田头路边、沟溪草地等，未被广泛栽培的、可供食用的草本植物和木本植物。由于野菜天然无污染，具有特殊的营养价值和保健作用，迎合了人们追求健康、回归自然的心理，因此成为餐桌上的珍稀蔬菜。

人工促成栽培

刺龙芽

⊙ **起源分类**　刺龙芽为五加科多年生落叶小乔木，又称刺老芽、龙芽楤木、鹊不踏等，原产于我国、日本、朝鲜和西伯利亚等地区。我国野生刺龙芽主要分布在东北长白山和小兴安岭沿脉。由于其风味清香，口感独特，一直是出口畅销的山野菜，日本、美国、加拿大、马来西亚等国需求量很大，野生资源供不应求，近年开始人工栽培。

⊙ **生长习性**　刺龙芽具有一定的耐寒性，嫩芽5℃即可萌发，适宜的生长温度为12~22℃，温度超过27℃，产品器官品质变劣。喜湿，不耐涝。喜光，但产品器官形成期光线过强易造成外观质量下降。喜土壤肥沃、富含腐殖质的壤土或沙壤土。

⊙ **应用价值**　刺龙芽以其新萌发的嫩芽作蔬菜食用，最佳食用状态是顶芽在未木质化前，发出2~3个鲜嫩枝叶，尤以芽苞膨大到4~5厘米、刚吐新绿时最为珍贵。刺龙芽营养丰富，富含多种维生素、矿物质和膳食纤维，其嫩芽用开水焯后，再放进凉水浸泡，其颜色更加浓绿，可凉拌或蘸酱食用，也可盐渍或制作罐头，其味鲜美清香，软硬可口，是现代餐桌上难得的珍品。刺龙芽还具有很高的药用价值，其植株总皂苷含量为20.40%，是人参的2.5倍。其嫩芽对急慢性炎症、各种神经衰弱都有较好的疗效，中医认为它有补气安神、强精滋肾等功能。

早春萌发的嫩芽

顶芽萌发后生长状

刺龙芽树木枝条展开状

刺五加

⊙ **起源分类** 刺五加又名五加参、刺拐棒、五加皮、刺老鸦子等，五加科五加属落叶灌木，根、茎皮入药，有"木本人参"之称，幼芽与嫩叶是东北地区传统食用的山野菜。

⊙ **生长习性** 刺五加喜光、耐寒，能耐 −1~−2℃的低温，营养生长的适宜温度为 15~20℃。植株喜土壤湿润的环境条件，不耐干旱，尤其在产品形成期缺水会导致品质变劣。不耐土质瘠薄，栽培土壤以腐殖层深厚、质地疏松、排水良好的壤土为好，适宜的土壤 pH 5.5~6.2。

⊙ **应用价值** 刺五加嫩芽口味独特，可炒食或开水焯后蘸酱食用。叶富含蛋白质、脂肪、糖类、多种维生素及矿物质，其中每 100 克含胡萝卜素 5.4 毫克、维生素 B_2 0.52 毫克、维生素 C 121 毫克，钙、磷等元素的含量远远高于一般蔬菜。并具有祛风湿、健筋骨、调节血压等功能。

野生刺五加嫩芽

大叶芹

⊙ **起源分类** 大叶芹,别名山芹菜、假茴芹、明叶菜、禅那木尔等,为伞形科茴芹属多年生草本植物。主要分布在我国的东北部和俄罗斯远东地区,营养丰富,全株及种子含挥发油,是我国千吨级以上大宗出口的绿色蔬菜产品之一。

⊙ **生长习性** 大叶芹为林下阴生植物,多生长在针、阔混交林及杂木林下阴湿处,喜凉爽湿润的气候条件和土层深、腐殖质丰富、含水量高但不积水的偏酸性腐叶土。对温度的敏感性强,忌阳光直射。抗寒性强,可在 -30~-25℃的低温下安全越冬。

⊙ **应用价值** 大叶芹富含各种维生素和矿物质,其中胡萝卜素的含量高出西芹 38 倍,维生素 C 的含量也高出西芹 5 倍以上,维生素 B_2 是大白菜、黄瓜和甘蓝的 2 倍多,铁含量则是常见蔬菜的 10~30 倍。除此之外还有较高的医疗价值,可散寒解表、祛湿止痛,还具有降血压、助消化等保健功效。其嫩茎叶可以炒食、凉拌、做馅,翠绿多汁,清香爽口,是色、香、味俱佳的山野菜之一。

大叶芹（紫硬）

大叶芹产品

桔梗

⊙ **起源分类** 桔梗，又名包袱花、四叶菜、沙油菜、山铃铛花，为桔梗科桔梗属多年生草本植物，在我国南北均有分布，朝鲜、日本、俄罗斯等国也有分布。其肉质根既可以作蔬菜食用，也是常用中药，其花朵艳丽，可作观赏栽培。

⊙ **生长习性** 适应性较强，生长适温10~20℃，耐寒，能忍受-20℃的低温。喜充足的光照，肉质根的吸收能力差，故不耐旱。适宜在肥沃湿润、排水良好的疏松土壤中生长，黏重土或积水地块生长不良，土壤的适宜pH6.5~7.0。

⊙ **品种类型** 根据花的颜色可分为紫花桔梗、白花桔梗。现在生产中栽培的多为紫花桔梗，具有生长较快、适于菜用的特点。

⊙ **应用价值** 桔梗的肉质根是一种人们喜食的野生蔬菜，可炒食、煮粥或做成泡菜、凉拌菜，每年日本、韩国等国都从我国大量进口菜用鲜桔梗。肉质根中含桔梗皂苷、菠菜甾醇、菊糖、桔梗糖等多种成分，有开宣肺气、散寒、祛痰排脓的功能。

紫花桔梗

白花桔梗

肉质根

果实

桔梗咸菜

菊花脑

⊙ **起源分类** 菊花脑为菊科菊属多年生草本植物，原产于中国，在江苏、湖南、贵州等地均有分布。我国自古就有采集菊花脑嫩苗做菜的习惯，现多在房前屋后栽植。

⊙ **生长习性** 菊花脑可用种子繁殖、分株繁殖和扦插繁殖，以扦插繁殖为好。菊花脑耐寒耐热，地下部宿根能安全越冬，种子在4℃以上就能发芽，幼苗生长适温为15~20℃，在20℃时生长旺盛，嫩茎叶的品质最好，成株在高温季节也能生长。耐旱耐贫瘠，忌涝，强光照有利于其茎叶生长，短

日照有利于其花芽形成和抽薹开花。

⊙ **品种类型** 有小叶菊花脑和大叶菊花脑两种，以大叶者品质为佳。

⊙ **应用价值** 菊花脑除含有蛋白质、脂肪、膳食纤维和维生素等营养物质外，还含有黄酮类和挥发油，有特殊的芳香味，可以炒食、凉拌、做馅或煮汤，食之清香爽口。中医认为，其茎、叶性苦、辛、凉，夏季食用有清热凉血、调中开胃和降血压之功效。可治疗便秘、高血压、头痛和目赤等疾病。现代医学研究还证实，菊花脑中的黄酮类和挥发油能明显扩张冠状动脉，并

盆栽菊花脑

增加血流量，可增强毛细血管的抵抗力，对冠心病、高血压病有良好的食疗功效。此外，它对金黄色葡萄球菌、乙型链球菌、痢疾杆菌、伤寒杆菌、副伤寒杆菌、大肠杆菌及流感病毒均有抑制作用。

荠菜

⊙ **起源分类**　荠菜，别名护生草、地米菜、菱角菜，为十字花科荠菜属一二年生草本植物。原产于我国，我国自古就有采集野生荠菜食用的习惯，已有几千年的食用历史，是深受消费者欢迎的野菜品种。

⊙ **生长习性**　荠菜属耐寒性蔬菜，种子发芽的适宜温度为 20~25℃，生长发育的适宜温度为 12~20℃。耐寒性较强，-5℃时植株不受损害。荠菜喜光照充足的环境条件，对土壤的要求不严格，但以肥沃、疏松的壤土条件为宜。

⊙ **应用价值**　荠菜营养价值高，富含各种维生素和矿物质，其嫩叶炒食、凉拌、做馅、做汤，味道鲜美。荠菜的全草入药，具有利尿、止血、清热明目之功效。医家常用荠菜、荠菜花治疗高血压、慢性痢疾、乳糜尿及出血诸症。

苣荬菜

⊙ **起源分类** 苣荬菜别名苦菜、取麻菜等，菊科苦苣属多年生草本植物。原产欧洲或中亚细亚，在世界上的分布很广，是我国食用历史悠久的一种野菜。

⊙ **生长习性** 苣荬菜喜冷凉、耐寒。种子发芽的适宜温度为 15~20℃，营养生长的最适温度为 15~20℃。喜中等光强。喜湿怕涝。对土壤的要求不严格，较耐贫瘠，但在土质疏松、保水保肥力强的土壤中栽培，有利于其旺盛生长。

⊙ **应用价值** 苣荬菜味道独特，苦中有甜，甜中有香。不仅营养丰富，而且有一定的保健功能，中医学认为，其性寒味苦，有消热解毒、凉血、利湿、消肿排脓、祛瘀止痛、补虚止咳的功效。生食可更有效地发挥其保健功能。吃法多种多样，可凉拌、做汤、蘸酱生食、炒食或做饺子包子馅，也可加工酸菜或制成消暑饮料。

野生苣荬菜

苣荬菜开花

蕨类植物

⊙ **起源分类** 这里是指蕨类植物门可以食用的各种蕨类植物，是史前就有的单细胞植物，广泛分布在热带、亚热带及温带地区的山坡林下，中国各地山区均有出产。

⊙ **生长习性** 野生的蕨菜多生长在海拔400～2500米的林缘、林下及荒坡向阳处。适宜在土层深厚、土壤湿润、排水良好、腐殖质层较厚、植被覆盖率高的中性或微酸性土壤中生长，喜凉爽的气候条件，耐严寒，抗逆性很强，适应性广。对光照不敏感，对水分的要求严格，不耐干旱。

⊙ **品种类型** 种类很多，常见的有凤尾蕨科的蕨菜、蹄盖蕨科的猴腿、荚果蕨科的黄瓜香（广东菜）等。

⊙ **应用价值** 食用部分是未展开的幼嫩叶芽，不但富含人体需要的多种维生素，还有清肠健胃、舒筋活络等功效。食用前经沸水烫后，再浸入凉水中除去异味，可凉拌、炒食或腌渍，清凉爽口，是一种天然无污染的保健蔬菜。也可加工成干菜或罐头等，远销世界各地。但值得注意的是，其根茎和叶中含有一定的致癌成分，人经常食用会导致癌症的发病率提高。

野生猴腿

黄爪香

蒌蒿

⊙ **起源分类**　蒌蒿又名芦蒿、香艾、柳蒿等，菊科一二年生草本植物，生于低海拔的山坡草地、路边荒野、河岸等处，分布于东北、华北、华东、华中等地。北魏《齐民要术》中有食用记载，是我国利用历史悠久的野菜之一。

⊙ **生长习性**　蒌蒿喜冷凉湿润气候，不耐高温，耐湿，不耐干旱。地下茎上的潜伏芽在春季气温达到 5℃即开始萌发，生长的适宜温度为 15~25℃。较弱光照下形成的产品器官品质优良，对土壤要求不严格。

⊙ **品种类型**　蒌蒿按叶型分为大叶蒿、碎叶蒿和嵌合型蒿三种类型。按嫩茎的颜色分为白蒌蒿、青蒌蒿和红蒌蒿三种类型。

⊙ **应用价值**　蒌蒿以幼苗或嫩茎叶供清炒、凉拌、做汤或焯后蘸酱食用，具有特殊的香味。营养价值高，而且具有平抑肝火、祛风湿、镇咳等功效，并对缓解心血管疾病有较好的食疗作用，是一种典型的保健蔬菜。

野生蒌蒿

马齿苋

⊙ **起源分类**　马齿苋，别名马齿菜、马蛇子菜、蚂蚱菜、五行草、酸米菜、长寿菜等，为马齿苋科一年生草本植物，原产于温带及热带地区，除高寒地区外，世界各地都有分布。我国人民自古就有采食马齿苋的习惯。

⊙ **生长习性**　马齿苋抗逆性较强，喜高温高湿，植株的耐旱耐涝能力也较强。喜光，发芽温度为20℃，营养生长的最适温度为25~30℃。整个生长发育期要保持土壤湿润。对土壤的要求不严格，在各种土壤上均能生长。

⊙ **应用价值**　马齿苋营养丰富，嫩茎叶可做汤、炒食、凉拌，风味独特。亦可全株采收，汆水后晒干，冬季做包子、饺子馅料，美味可口。具有清热解毒、止痢消痈、杀菌凉血的作用。我国民间常用鲜马齿苋外用治疗疮疖肿毒、湿疹、过敏性皮炎、带状疱疹、丹毒等，与水煎煮可治疗急性肠炎、痢疾、急性阑尾炎、乳腺炎等。现代科学研究表明，它含有大量的去甲肾上腺素，能促进胰岛素的分泌，调节人体内糖的代谢，所以常吃对糖尿病具有一定的辅助治疗的作用。它还含有ω-3脂肪酸，能抑制胆固醇和三酰甘油的生成，对心血管有一定的保护作用。

叶片

马兰头

⊙ **起源分类** 马兰头又名马兰、红梗菜、田边菊等，菊科马兰属多年生草本植物，原产于中国，分布于全国各地，江浙一带较多。常生于路边、田野、山坡，极常见。

⊙ **生长习性** 马兰头适应性广，喜温也较耐阴，抗寒耐热力很强，对光照的要求不严，在32℃的高温下能正常生长，在 -10℃ 以下能安全越冬，当地温回升到10~12℃，气温在10~15℃时，嫩叶嫩茎就开始迅速生长。种子发芽温度在20℃左右，嫩叶嫩茎的采收期主要集中在3~4月。

⊙ **品种类型** 马兰头有红梗和青梗两种，均可食用，药用以红梗马兰头为佳。

⊙ **应用价值** 马兰头食法多样，通常洗净后用开水焯一下去除涩味，可以炒食、凉拌、做粥，或晒成干菜后和五花肉一起烧制。中医认为，马兰全草药用，有清热解毒、健脾和胃、散瘀止血之效。现代医学研究表明，它富含微量元素硒、维生素 E 和胡萝卜素，其中硒、锌、镁、钙的含量更丰富，具有延缓衰老、提高机体免疫力和防癌抗癌的作用。

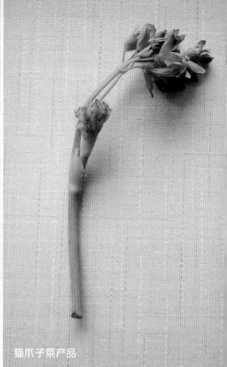

猫爪子菜产品

猫爪子菜

⊙ **起源分类** 猫爪子菜，又称展枝唐松草，毛茛科唐松草属多年生草本植物，是长白山地区所特有的珍稀山野菜之一。猫爪子菜口感好，野味浓郁、清香，富含多种维生素和各种微量元素，是极具保健功效的山菜之一，在南韩和日本深受欢迎，是餐桌上的高档菜肴。

⊙ **生长习性** 猫爪子菜适应性强，耐寒，喜阳又耐半阴，适宜生长在林下或草甸的潮湿环境。对土壤的要求不严，但需排水良好。

⊙ **应用价值** 猫爪子菜一般采集高6~12厘米的嫩苗为食，鲜食时只需用开水焯一下，换清水浸泡一夜，即可炒食或做汤，如采集多时，亦可扎把盐渍。其食用部分具有清热解毒、健胃、制酸、发汗的功效。

蒲公英

⊙ **起源分类** 蒲公英,别名婆婆丁、黄花地丁,为菊科蒲公英属多年生草本植物,原产于亚欧大陆,在世界各地均有分布。在我国,蒲公英自古以来作野菜食用,现已培育栽培种。

⊙ **生长习性** 蒲公英适应性广,抗逆性强,植株既抗寒又耐热。早春地温达到1~2℃时可萌发,种子发芽的最适温度为15~25℃,当温度达到30℃以上时发芽缓慢,叶片生长的最适温度为20~22℃。抗旱、抗涝能力较强,喜阳耐阴,可以在各种土壤中生长。

⊙ **品种类型** 蒲公英属植物约有120余种。常见的野生蒲公英有阿尔泰蒲公英和白花蒲公英。

⊙ **应用价值** 蒲公英全草具有清热解毒、消肿散结的作用,并具有一定的抗感染作用,可用于治疗上呼吸道感染、流行性腮腺炎、急性支气管炎、咽喉炎、眼结膜炎、胃炎、胃溃疡、肠炎、痢疾、慢性阑尾炎等炎症;同时可清肝明目,治疗肝炎;对胆囊炎及结石症也有一定的疗效,被称为中药的八大金刚之一。另外,现代研究发现,蒲公英提取物对肺癌有一定的辅助治疗作用。蒲公英可生食、凉拌、炒食、做汤、炖菜等,其淡淡的苦味别具特色。

蒲公英种球

蒲公英产品

不同类型的蒲公英

山胡萝卜

⊙ **起源分类**　山胡萝卜，学名轮叶党参，俗称羊乳、白蟒肉、山地瓜等，桔梗科多年生蔓生草本植物，具有较高的药用价值和食用价值，是长白山珍贵的山野菜。主要产于东北地区，大量出口韩国、日本、美国等国家。

⊙ **生长习性**　山胡萝卜喜温，较耐寒，幼苗喜阴，成株喜光。喜湿怕涝，高温多湿易发生烂根。适宜土层深厚、富含腐殖质、疏松肥沃的壤土，适宜pH 6~7.5。直播2~3年即可收获。10月份茎叶全部枯死时可采收肉质根。

⊙ **应用价值**　以肉质根为食，采收时注意保证肉质根完整。也可把肉质根系用水洗净，扒去外皮，晒干后出售。其肥大的肉质根含有多种营养物质，是食药兼用型植物，具有强身壮力、补虚润肺、通乳排脓、解毒疗疮的功效，可炒食、烤食、腌渍咸菜，风味鲜美独特。

开花

田间生长状

FANGXIANG
SHUCAI

六、芳香蔬菜

芳香蔬菜是指具有芳香气味、可以食用的一类植物。这类植物可作为蔬菜、调味品或花草茶食用，称为芳香蔬菜，作为观赏或工业原料时则称之为香草。本书主要介绍隶属于唇形科的芳香蔬菜。

薄荷

⊙ **起源分类**　薄荷，又称银丹草，唇形科薄荷属多年生草本植物，广泛分布于北半球的温带地区，在我国主要分布于华北、华东、华中、华南等地。

⊙ **生长习性**　薄荷喜温、耐寒，尤其是根系有较强的耐寒能力，在我国北方部分地区可以露地越冬。当地温稳定在5℃时根茎就可萌发，植株生长的适宜温度为20~30℃。喜湿不耐涝，较耐阴。对土壤的要求虽不严格，但以肥沃的壤土为好。

⊙ **品种类型**　薄荷有短花梗和长花梗两种类型，每个类型中有较多品种。国外以栽培长花梗中的绿薄荷、姬薄荷、西洋薄荷、日本薄荷和皱叶薄荷等品种较多，此类型花梗很长，着生在植株顶端，穗状花序，含薄荷油很少。我国则以短花梗的品种较多，花梗极短，轮伞花序。根据茎叶的形状、颜色又分为青茎圆叶、紫茎紫脉、灰叶红边、紫茎白脉、青茎大叶尖齿、青茎尖叶及青茎小叶等品种。

⊙ **应用价值**　薄荷幼嫩的茎尖可食用，可泡茶、凉拌、煮粥或做糯米糕，是一种菜药兼用的保健蔬菜。全草入药，具有疏风散热、理气解郁等作用，可治疗流行性感冒、头疼、目赤、身热、咽喉肿痛、牙床肿痛等症，外用可治神经痛、皮肤瘙痒、皮疹和湿疹等。全株可提取薄荷油，据报道，产自我国的薄荷油具有独特的抗癌作用，一直是国际市场上深受欢迎的芳香油类。

不同品种的薄荷

不同品种的薄荷

水培薄荷

金边百里香

百里香

⊙ **起源分类** 百里香，又称地椒、山胡椒、麝香草，是唇形科百里香属多年生草本植物，原产于地中海沿岸及小亚细亚一带，现在世界各地广泛栽培。

⊙ **生长习性** 百里香喜温，较耐寒，生长的适宜温度为 20~25℃，植株较耐旱，对光照的要求不严格，半日照或全日照均可。对土壤和肥水的要求不严格，但在排水良好、富含有机肥的壤土条件下生长良好。

⊙ **品种类型** 百里香根据茎的生长状态可分为直立型和匍匐型；根据花色可以分为白花、粉花、紫花等品种。

⊙ **应用价值** 百里香叶片所含有的芳香成分具有增进食欲、促进消化的功用，对于杀菌、防腐也有一定的效果，被称为"调和者"，是地中海流域最重要的食用香草之一。可将新鲜或干燥的枝叶用于料理中，或泡成花草茶饮用，百里香茶还可疏解因宿醉引起的头痛。除此之外，泡澡时加些枝叶在水中，还有提神醒脑的功效。

开花

百里香茎叶

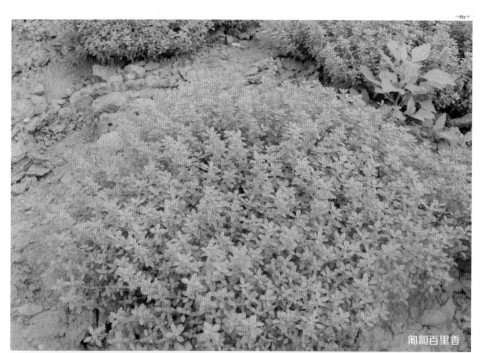

匍匐百里香

盆栽百里香

温室盆栽

藿香

⊙ **起源分类** 藿香，又称土藿香、排香草、大叶薄荷，为唇形科藿香属多年生草本植物。原产于中国，在我国各地广泛分布。

⊙ **生长习性** 藿香喜高温、阳光充足的环境，生长适温为 19~26℃。喜湿怕旱，但不耐涝，栽培过程应保持土壤湿润，但不能积水。根比较耐寒，在北方能越冬，次年返青继续生长；地上部不耐寒，霜降后大量落叶，逐渐枯死。对土壤的要求不严，一般土壤均可生长，但以土层深厚肥沃而疏松的壤土或壤土为佳。

⊙ **应用价值** 藿香以嫩茎叶为食，富含钙、胡萝卜素等营养物质，可凉拌、炒食、炸食或煮粥，亦可作为烹饪佐料，具有健脾益气的功效。含芳香挥发油，对多种致病性真菌都有一定的抑制作用。口含一叶可除口臭，预防传染病，并能用作防腐剂。夏季用其煮粥或泡茶饮服，对暑湿重症、脾胃湿阻、脘腹胀满、肢体重困、恶心呕吐有效。

越冬后萌发

植株

开花

荆芥花

荆芥

⊙ **起源分类** 荆芥,别名香荆芥、线芥、四棱杆蒿、假苏,是唇形科荆芥属一年生草本植物,是一种栽培历史悠久的芳香蔬菜,其野生种为多年生草本,在我国南北各地分布广泛。

⊙ **生长习性** 荆芥适应性强,喜温暖湿润的气候,耐热不耐寒,种子发芽的适宜温度为 15~20℃,幼苗能耐 0℃的低温,营养生长的适宜温度为 20~25℃。对光照的要求不严,耐阴。栽培适宜的土壤湿度为 65%,有一定的耐旱性,土壤湿度过大影响生长。植株耐瘠薄,对土壤的要求不严格。

⊙ **品种类型** 荆芥根据叶片的形状分为尖叶荆芥和圆叶荆芥两种类型。尖叶荆芥植株较高,叶披针形,叶片瘦小,品质较差。圆叶荆芥株高中等,叶片肥大、脆嫩,品质好。

⊙ **应用价值** 民间用荆芥嫩茎叶做凉拌菜,有清凉的薄荷香味,可防暑并增进食欲;做鱼时放入荆芥叶片可去除鱼腥味。荆芥花穗入药,有解热发汗、祛风、利咽之功效,可消除咽喉肿痛、火眼等病症,还常被用作调味品。近两年来荆芥广泛应用于饲料、香料加工行业,发展前景广阔。

幼苗

开花结果期

开花

罗勒

⊙ **起源分类** 又称九层塔、五香薄荷，为唇形科罗勒属一年生草本植物，原产于非洲、美洲及亚洲热带地区，是欧美各国传统的香辛类调味蔬菜，在我国主产于河北、华东、华中等地。

⊙ **生长习性** 喜温不耐寒，种子发芽适温为 20~25℃，茎叶生长的适宜温度为 20~30℃。喜湿润的气候条件，不耐干旱。对光照的要求不严格，但光线过强影响产品器官的品质。喜土层深厚、疏松肥沃的土壤，整个生长发育期需氮肥和钾肥较多。

⊙ **品种类型** 类型和品种很多，按茎叶颜色，可分为青叶种和紫叶种。中国菜用栽培的多为青茎青叶种，茎叶均为绿色，叶长椭圆形，发生侧枝能力强，花白色，茎叶香味较淡。

⊙ **应用价值** 食用部分是嫩茎尖，可用作比萨饼、意粉酱、香肠、汤、番茄汁、淋汁和沙拉的调料，亦可泡茶饮，经常食用有解毒健胃、强壮身体的保健功能，是一种珍稀的保健蔬菜。植株含有特别芳香的气味，可提取精油，气味清凉，有提神和增强记忆力的作用。

盆栽罗勒

迷迭香

迷迭香

⊙ **起源分类**　迷迭香，又称艾菊、迷魂香等，唇形科多年生常绿小灌木，原产于地中海沿岸，在欧洲南部主要作为经济作物栽培。我国曾在曹魏时期引种，近几年作为芳香植物栽培，栽培面积逐渐扩大。

⊙ **生长习性**　迷迭香性喜温暖的气候，忌高温高湿环境，种子发芽适温为 15~20℃，植株生长的最适温度为 9~30℃，在北方地区不能露地越冬。喜光照充足的环境条件，较耐旱，土壤水分过多影响生长。对土壤的适应范围较广，适宜排水良好、富含有机质的壤土或沙壤土，最适土壤 pH 为 6.5~7.0。

⊙ **品种类型**　迷迭香依植株的生长习性可分为直立型及匍匐型两种类型。

⊙ **应用价值**　迷迭香用途非常广泛，其嫩叶是西餐不可或缺的调味料，对各种肉类可增香，常用于配菜和烧烤食品。叶片作茶饮，有提神醒脑、防治失眠、增强记忆力、防治感冒等功效。其枝叶中提取的精油和天然抗氧化剂可用于医药、食品加工和美容保健行业。迷迭香作盆栽观赏，其浓郁的芳香气味能杀灭空气中对人体有害的致病菌，驱除异味和蚊虫，净化空气，提神醒脑，增强记忆，并可预防感冒、肺炎等呼吸道疾病。

叶片

迷迭香盆景

迷迭香扦插育苗

开花

牛至

⊙ **起源分类**　牛至，又称比萨草、土香薷，唇形科多年生草本植物，原产于欧洲，从地中海沿岸地区至印度均有分布。

⊙ **生长习性**　牛至喜温，茎叶生长的适宜温度为 18~25℃，耐寒性较强，在北方地区稍加覆盖可露地越冬。喜光照充足，空气湿度大易造成生长发育不良。耐瘠薄，对土壤要求不严格，但在肥沃干燥、排水良好的碱性壤土条件下栽培容易获得高产。

⊙ **应用价值**　牛至是西餐中不可缺少的调味料，其鲜叶或干叶均可用于冲泡花草茶或作肉类的调味料。全草可入药，具有清热解表、理气化湿、利尿消肿之功效。临床用于预防流感，治疗黄疸、中暑、发热、呕吐、急性胃肠炎、腹痛等症，其散寒解表功用胜于薄荷。从植株中提炼的精油可作为药品、保健品或食品保鲜剂的原料。

叶片

植株

盆栽

叶片

碰碰香

⊙ **起源分类** 碰碰香，又称一抹香、倒手香、绒毛香茶菜，唇形科香茶菜属多年生草本植物。原产于非洲好望角、欧洲及西南亚地区，因植株叶片被触碰后可散香气被称为"碰碰香"。其香味浓甜，颇似苹果的香味，故又享有"苹果香"的美誉。在我国，它是一种以观赏为主、食用为辅的芳香植物。

⊙ **生长习性** 碰碰香耐热，怕寒冷，生长的最低温度为5℃，适宜温度为25~30℃。喜光，也较耐阴。在光照充足的条件下，叶子生长较肥厚，若光照不足，叶片会变薄。根系不耐湿，土壤湿度过大容易烂根致死。喜疏松、排水良好的土壤，栽培时应注意浇水见干见湿，保证根系有一个良好的呼吸环境。

⊙ **应用价值** 碰碰香适合作盆栽观赏，置于居室，既可美化环境，又可净化空气，提神醒脑。其叶片可以用来泡茶或泡酒，清香宜人。亦可作蔬菜烹饪，煲汤、炒食、凉拌皆宜。具有一定的药用价值，其叶片打汁加蜜生食，可缓解喉咙痛，煮成茶饮可缓解肠胃胀气及感冒，捣烂后外敷可消炎消肿并可保养皮肤。

鼠尾草

⊙ **起源分类** 鼠尾草，别名洋苏草、圆丹、圣母草、一串蓝等，唇形科植物，原产于地中海沿岸，世界各地都有生长。我国 20 世纪 80 年代开始引种，全国各地均有栽培。

⊙ **生长习性** 鼠尾草喜温暖，发芽适温在 20~25℃，生育温度在 15~30℃。喜光照充足，耐干旱，但不耐涝，需要通风良好的环境条件。植株耐瘠薄，以石灰质丰富、排水良好的沙壤土或壤土为宜。

⊙ **品种类型** 鼠尾草属包含了约 900 个种，有一年生和二年生植物，以及常绿的多年生草本植物，大都具有香味。国内常见的有红花鼠尾草、甘西鼠尾草、黄山鼠尾草、快乐鼠尾草等。

⊙ **应用价值** 鼠尾草的干叶或鲜叶用作多种食物的调味料，可以消除的肉腥膻味。鼠尾草自古就有"穷人的香草"之称，曾经被利用治疗霍乱或赤痢，在中世纪欧洲认为鼠尾草能增强记忆和增进智慧。除含有丰富的维生素和矿物质外，还含有丰富的苦味素、黄酮、单宁酸等物质，具有抗菌、防疫、防腐和对机体柔软组织有收缩作用等多种功能。

开花

香蜂花

⊙ **起源分类**　香蜂花又名柠檬香薄荷、香水薄荷、蜜蜂花、柠檬留兰香等，唇形科多年生草本植物。由于叶片散发出类似柠檬的香味，很容易招引蜜蜂等昆虫，因此被称为"蜂花"。原产欧洲地中海沿岸，在法国种植较多。因其具有较高的营养价值、药用价值和独特的柠檬芳香，在欧美是一种很受食用者喜爱的芳香调味品，也是养花爱好者首选的特色保健型食用花卉。

⊙ **生长习性**　香蜂花既耐热又耐寒，温暖湿润的气候条件最适宜其生长，发芽的适宜温度为18~25℃，叶片生长的适宜温度为18~35℃。耐干旱，不耐水涝。对土壤的要求不严格，在疏松肥沃的沙壤土中栽培有利于获得高产。

⊙ **应用价值**　香蜂花叶片、嫩梢可食，富含多种维生素和矿物质，以及柠檬醛、苦味素、黄酮类等有益化合物。香蜂花鲜叶洗净泡茶，滴入少量蜂蜜可提神消暑，增进食欲；嫩叶调以香油、味精、食醋、精盐后凉拌，清香可口；用于煮汤或烹鱼，可去除腥味。经常食用能够强身、抗病毒、安静止痛、祛风、镇定痉挛。其鲜叶直接外敷于皮肤患处可消肿止痛；其干叶制造成药枕有助于睡眠；其浸出液入浴水泡澡可使肌肤干净光滑，具有很好的美容效果。在国外，它是药品、香水和化妆品工业的重要原料。

开花

香蜂花盆栽

薰衣草花海

薰衣草

⊙ **起源分类** 薰衣草，又名灵香草、香草等，唇形科多年生草本或半灌木，原产于地中海沿岸、欧洲各地及大洋洲列岛。薰衣草全株芳香浓郁，叶形花色优美典雅，是一种可食可赏的多用途植物。

⊙ **生长习性** 薰衣草喜欢冷凉气候，半耐寒性，耐热性较差，发芽适温为 18~22℃，生长的适宜温度为15~25℃，当温度高于 35℃时生长发育受到抑制，成苗可耐 -20℃以下的低温。喜光、耐旱，在日照充足、通风良好的环境下生长良好，光照不充足会影响生殖生长。对土壤要求不严，适宜于微碱性或中性的沙壤土。

⊙ **品种类型** 薰衣草全世界原生种共有 28 种，目前较常见的有甜薰衣草、羽叶薰衣草、狭叶薰衣草、加那利薰衣草、齿叶薰衣草、绵毛大薰衣草、宽叶薰衣草、蕨叶薰衣草、西班牙薰衣草、绿薰衣草等。

⊙ **应用价值** 薰衣草新鲜的叶、花可冲泡花草茶，具有镇定安神，防治失眠、感冒，帮助消化的功效。叶片用作调味品，可为甜食、奶油等增添香味，并有较好的杀菌、消毒、抗氧化作用。其鲜花可提炼精油，广泛应用于化妆品、医疗美容保健等行业，其干燥的叶、花可作调料、香包、香枕、薰香洗液。它也是一种极具观赏价值的花卉，法国的普罗旺斯、日本的北海道以及我国新疆北麓的薰衣草种植基地，均成为旅游胜地。

不同品种的薰衣草

盆栽

花序

紫苏

⊙ **起源分类**　紫苏又名赤苏、白苏，唇形科一年生草本植物，原产于我国，在我国有约 2000 年的栽培历史。现在东北、华东、华南、西南等地区均有野生分布。它营养丰富并具有较高的药用价值，是一种开发前景十分广阔的芳香蔬菜。

⊙ **生长习性**　紫苏喜温暖湿润的气候条件，种子适宜的发芽温度为 18~23℃，植株生长的适宜温度为 22~30℃，开花期的适宜温度是22~28℃。喜中等光照，光照充足叶色较深，但高温强光易导致叶片纤维增加，食用品质下降。紫苏是典型的短日照植物，在短日照条件下开花结实。较耐湿、耐涝，不耐干旱，产品器官形成期过于干旱会导致品质变劣。对土壤的适应性较广，在排水良好的壤土条件下生长较好，适宜的土壤 pH 为6~7。

⊙ **品种类型**　生产中常用的栽培品种根据叶色可分为绿色、紫色和绿紫色三种类型。

⊙ **应用价值**　全株具有特异的芳香，其幼苗、叶片、种子均可食用。紫苏叶有解表散寒、行气和胃的功能，主治风寒感冒、咳嗽、胸腹胀满、恶心呕吐等症。紫苏叶可凉拌、泡茶或烹制各种鱼蟹，韩国人多用其叶制作泡菜或卷烤肉食用，日本人则用其佐食生鱼片。紫苏籽用作肉类食品的调料，也用来制作紫苏芝麻盐。全草可蒸馏紫苏油，种子出的油也称苏子油，长期食用苏子油对治疗冠心病及高脂血症有明显的疗效。

不同类型的紫苏

紫苏露地栽培

短日照条件下开花

[1] 陈杏禹.稀特蔬菜栽培.北京:中国农业大学出版社,2014.

[2] 曹华.特菜生产关键技术百问百答.北京:中国农业出版社,2012.

[3] 董淑炎.400种野菜采摘图鉴.北京:化学工业出版社,2012.

[4] 方智远,张武男.中国蔬菜作物图鉴.南京:江苏科技出版社,2012.

[5] 羊杏平.室内盆栽观赏果蔬大全.南京:江苏科技出版社,2008.

[6] 宁伟,张景祥.辽宁野菜资源栽培与利用.北京:中国农业科技出版社,
2008.

[7] 威廉·登恩著.香草花园.蔡丸子译.武汉:湖北科学技术出版社,2010.

[8] 尤次雄,蔡怡贞.玩香草,种香草.郑州:河南科学技术出版社,2012.

[9] 车晋滇.野菜鉴别与食用手册.第2版.北京:化学工业出版社,2013.

[10] 久久素食网,快乐农场频道组织编写.在阳台上种香草.北京:化学工业
版社,2012.

[11] 杨林,朱莉编.香草家庭种植与应用.北京:化学工业出版社,2012.

参考文献